DESIGN AND MANUFACTURE OF BUILDING MODEL

总主编　林家阳

建筑模型设计与制作

杨丽娜　编著

中国轻工业出版社

图书在版编目（CIP）数据

建筑模型设计与制作 / 杨丽娜编著. — 北京：中国轻工业出版社，2025.8

ISBN 978-7-5184-1548-9

Ⅰ. ①建… Ⅱ. ①杨… Ⅲ. ①模型（建筑）—设计—高等学校—教材 ②模型（建筑）—制作—高等学校—教材 Ⅳ. ①TU205

中国版本图书馆CIP数据核字（2017）第195199号

责任编辑：毛旭林 李 红

策划编辑：毛旭林 责任终审：张乃柬 封面设计：刘 斌 锋尚设计

版式设计：锋尚设计 责任校对：晋 洁 责任监印：张 可

出版发行：中国轻工业出版社（北京鲁谷东街5号，邮编：100040）

印 刷：艺堂印刷（天津）有限公司

经 销：各地新华书店

版 次：2025年8月第1版第10次印刷

开 本：870 × 1140 1/16 印张：8

字 数：260千字

书 号：ISBN 978-7-5184-1548-9 定价：58.00元

邮购电话：010-85119873

发行电话：010-85119832 010-85119912

网 址：http://www.chlip.com.cn

Email：club@chlip.com.cn

251284J1C110ZBW

序一

PROLOG 1

中国的艺术设计教育起步于20世纪50年代，改革开放以后，特别是90年代进入一个高速发展的阶段。由于学科历史短，基础弱，艺术设计的教学方法与课程体系受苏联美术教育模式与欧美国家20世纪初形成的课程模式影响，呈现专业划分过细，实践教学比重过低的状态，在培养学生的综合能力、实践能力、创新能力等方面出现较多问题。

随着经济和文化的大发展，社会对于艺术设计专业人才的需求量越来越大，市场对艺术设计人才教育质量的要求也越来越高。为了应对这种变化，教育部将“艺术设计”由原来的二级学科调整为“设计学”一级学科，既体现了对设计教育的重视，也是进一步促进设计教育紧密服务于国民经济发展的必要。因此，教育部高等学校设计学类专业教学指导委员会也在这方面做了很多工作，其中重要的一项就是支持教材建设工作。

2016年是“十三五”的开局之年，在教育部全面启动普通本科院校向应用型本科院校转型工作的大背景下，由林家阳教授任总主编的这套教材，在强调应用型教育教学模式，开展实践和创新教学，整合专业教学资源，创新人才培养模式等方面做了大量的研究和探索；一改传统的“重学轻术”“重理论轻应用”的教材编写模式，以“学术兼顾”“理论为基础、应用为根本”为编写原则，从高等教育适应和服务经济新常态，助力创新创业、产业转型和国家一系列重大经济战略实施的角度和高度来拟定选题、创新体例、审定内容，可以说是近年来高等院校艺术设计专业教材建设的力度之作。

设计是一门实用艺术，检验设计教育的标准是培养出来的艺术设计专业人才是否既具备深厚的艺术造诣、实践能力，同时又有优秀的艺术创造力和想象力，这也正是本套教材出版的目的。我相信，在应用型本科院校的转型过程中，本套教材能对学生奠定学科基础知识、确立专业发展方向、树立专业价值观念、提升专业实践能力产生有益的引导和切实的借鉴，帮助他们在以后的专业道路上走得更长远，为中国未来的设计教育和设计专业的发展提供新的助力。

教育部高等学校设计学类专业教学指导委员会主任

中国艺术研究院 教授 / 博导 谭平

2017年3月

序二

PROLOG 2

办学，能否培养出有用的设计人才，能否为社会输送优秀的设计人才，取决于三个方面的因素：首先是要有先进、开放、创新的办学理念和办学思想；其二是要有一批具有崇高志向、远大理想和坚实的知识基础，并兼具毅力和决心的学子；最重要的是我们要有一大批实践经验丰富、专业阅历深厚、理论和实践并举、富有责任心的教师，只有老师有用，才能培养有用的学生。

除了以上三个因素之外，还有一点也非常关键、不可忽略的，我们还要有连接师生、连接教学的纽带——兼具知识性和实践性的课程教材。课程是学生获取知识能力的宝库，而教材既是课程教学的“魔杖”，也是理论和实践教学的“词典”。“魔杖”通过得当的方法传授知识，让获得知识的学生产生无穷的智慧，使学生成为文化创意产业的有生力量。这就要求教材本身具有创新意识。本套教材从设计理论、设计基础、视觉设计、产品设计、环境艺术、工艺美术、数字媒体和动画设计等八个方面设置的 50 本系列教材，在遵循各自专业教学规律的基础上做了不同程度的探索和创新。我们也希望在有限的纸质媒体基础上做好知识的扩充和延伸，通过本套教材中的案例欣赏、参考书目和网站资料等，起到一部专业设计“词典”的作用。

我们约请了国内外大师级的学者顾问团队、国内具有影响力的学术专家团队和国内具有代表性的各类院校领导和骨干教师组成编委团队。他们中有很多人已经为本系列教材的诞生提出了很多具有建设性的意见，并给予了很多有益的指导。我相信，以我们所具有的国际化教育视野以及我们对中国设计教育的责任感，能让我们充分运用这一套一流的教材，为培养中国未来的设计师奠定良好的基础。

教育部职业院校艺术设计学类专业教学指导委员会主任

同济大学教授 / 博导 林家阳

2017 年 3 月

前言

FOREWORD

教材的编写认真贯彻党的二十大精神和党的教育方针。党的二十大报告提出“教育、科技、人才是全面建设社会主义现代化国家的基础性、战略性支撑”，教育的目标在人才培养，人才培养的根本在课程设置，教材是提升课程质量最直接有效的方法。随着社会发展和科学技术的进步，在建筑设计和环境艺术设计教学中，建筑模型因其在设计方法、展示方式等方面对建筑设计的有效辅助作用而被广大同仁认可，已成为不可或缺的教学手段。建筑模型不仅具备其本身的表现手法之所长，更能借助材料、工艺、色彩、灯光等表现手法，以独有的设计与表现语言，向人们展示一个全新、立体的建筑视觉形象。

教材编写秉承爱国、创新、求实、协同为内核的教学精神，扎根于坚实的理论基础，形成于多年的理论积累和实践探索，挖掘课程中思政育人的元素，在促进学生专业核心能力构建和综合素质培养上统筹设计，有效发挥了教材在课程育人中的重要作用，对相关专业的人才培养有所裨益。全书共分三大板块，第一章介绍建筑模型设计制作的概念与原则。第二章讲授建筑模型设计制作的实训内容，分别从“地形学模型”和“建筑主体模型”两部分加以详细阐述，属于全书的核心内容。第三章将建筑模型分为八个类型，以作品赏析的形式，分析典型案例设计与制作的要点、难点和特点。同时，融入部分学生代表性作品，帮助学生夯实基础、开阔视野，打开设计制作新思路。

本教材与同类教材相比，在结构上特色鲜明，贯彻了“知物由学、知行合一、项目引领、重在应用”的编写思路，从理论夯实到设计实践，通过经典建筑临摹制作、现代建筑创意设计、实践项目制作跟踪，三位一体协同合作，真正将建筑模型设计制作的理念与方法应用于教学与实践之中。教材中文字内容简练适度，图片资料丰富、充分，从多角度展示作品，便于学生全方位学习，能为高校教师课上教学和学生课下自学提供有益帮助。

编者

2022年11月

课时安排

（参考课时：100）

章　节	课程内容	课　时	
第一章 建筑模型设计的概念与原则（12 课时）	第一节　建筑模型的基本概念	4	12
	第二节　模型的类型及制作原则	8	
第二章 建筑模型设计与制作实训（80 课时）	第一节　地形学模型设计与制作		80
	一、案例	4	
	二、相关知识点	4	
	三、技能训练	40	
	第二节　建筑主体模型设计与制作		
	一、案例	4	
	二、相关知识点	4	
	三、技能训练	24	
第三章 建筑模型作品赏析	第一节　规划模型与景观模型	1	8
	第二节　展览模型	1	
	第三节　公共建筑模型	1	
	第四节　住宅建筑	1	
	第五节　商业建筑	1	
	第六节　建筑内部空间模型	1	
	第七节　方案模型	1	
	第八节　学生作品	1	

目录

目录

目录

第一章

建筑模型设计的概念与原则

第一节　建筑模型的基本概念

一、建筑模型的发展历史

建筑不仅是人类生产与社会发展的基本保障，同时也是人类文明进步和社会经济发展的重要标志。它不仅具有满足人类生产、生活的使用价值，同时还具有营造环境、陶冶情操的审美价值。建筑设计过程中需要秉承守正创新的原则，把握时代、引领时代。以满腔热忱应对社会快速发展，不断拓展认识的广度和深度，以新的理论指导新的实践。正因如此，无论是古代的宫廷建筑、现代的摩天建筑，还是微缩的模型建筑，都因其构思精巧、技艺精湛、与环境浑然天成而使人过目不忘、惊叹不已。

建筑模型是在遵循建筑原有比例结构的基础之上，按照一定的微缩比例，将二维的建筑图纸转换为三维的立体空间形式。制作过程中采用易于加工与切割的材料，精确到毫米以内的精度，形象准确地表达了建筑形态、建筑结构、建筑色彩三者之间的关系以及建筑与周围景观环境、山体地形之间的关系。

哈尔滨的圣·索菲亚教堂始建于1923年10月，设计师是米·马·沃斯科尔科夫。圣·索菲亚教堂平面布局为拉丁十字型，砖木结构。墙体为清水红砖，形体复杂，砌工精细，顶部带拱券长窗的16面体鼓座上冠以巨大饱满的“洋葱头”穹顶，统领着四个大小不同的帐篷顶，形成主从式结构组合，是典型的拜占庭风格的建筑（图1-1）。其模型制作精美，采用白色ABS板材素色雕刻制作，以等比的形式经典还原了索菲亚教堂的风格特征与建筑魅力（图1-2、图1-3）。

图 1-1　哈尔滨圣·索菲亚教堂 / 米·马·沃斯科尔科夫 / 俄国 /2015 年

图 1-2　哈尔滨圣·索菲亚教堂正立面模型 / 哈尔滨市城市设计展览馆 / 中国 /2017 年

图 1-3　哈尔滨圣·索菲亚教堂侧立面模型 / 哈尔滨市城市设计展览馆 / 中国 /2017 年

建筑模型最早应用于军事作战领域。1811年，普鲁士王国的文职军事顾问冯·莱斯维茨首次用胶泥制作了一个相对精巧的战场模型，他使用不同颜色将模型中的道路、河流、树林、建筑分别标示出来，并使用不同的小瓷块来代表军队和武器，将其陈列于波兹坦皇宫里，以用作军事研习。后来莱斯维茨的儿子在其父制作的沙盘基础之上进行演进，以沙盘、地图表示地形地貌，并依照实战方式进行模拟演练、战略策划，从而进行“战争博弈”，这也就是现代沙盘作业的雏形。从19世纪末至20世纪初起，沙盘主要应用于战争领域的军事研习，直到“一战”结束后，才广泛应用于民用领域。

图 1-4　米拉之家 / 安东尼 · 高迪 / 西班牙 /2016 年

在建筑设计领域，模型作为辅助设计始于19世纪后期，西班牙著名建筑师安东尼·高迪设计的米拉之家就开始运用建筑模型。米拉之家建于1906年至1912年，是高迪设计的最后一个私人住宅。整个模型制作惟妙惟肖，即便不能纵览米拉之家的建筑全貌，也能通过模型对该建筑的外观及内部横、纵向剖切有一个全方位的了解。（图1-4至图1-6）

图 1-5　米拉之家建筑展览模型 / 西班牙 / 2016 年（一）

图 1-6　米拉之家建筑展览模型 / 西班牙 / 2016 年（二）

图 1-7 “组·合”木建筑设计模型视角 1/ 哈尔滨工业大学 / 2017 年

图 1-8 “组·合”木建筑设计模型视角 2/ 哈尔滨工业大学 /2017 年

图 1-9 “组·合”木建筑设计模型视角 3/ 哈尔滨工业大学 / 2017 年

20世纪20年代，现代主义建筑崛起，建筑模型成为建筑设计过程中一种重要的手段。包豪斯设计团队及以勒·柯布西耶为代表的建筑师们逐渐意识到实体建筑模型在建筑方案设计中的重要性，并加以运用，建筑模型逐渐成为建筑设计及教学领域当中重要的方法及内容。

“组·合”木建筑设计模型是哈尔滨工业大学本科毕业设计作品。方案设计过程中学生不断拓展专业认识的广度和深度，坚持以新的理论指导新的实践。从建筑定位、概念形成、结构研究、节点分析等几方面进行详细设计与说明，最终以概念模型设计制作的方式实现毕业设计作品的呈现（图1-7至图1-10）

图 1-10 “组·合”木建筑设计模型视角 4/ 哈尔滨工业大学 /2017 年

当下，尽管计算机效果图表现、建筑动态浏览等三维电子技术日新月异且被广泛应用于建筑设计及建筑表现过程中，但是建筑模型的直观感受性及真实体验性仍具有不可替代的优越性。随着专业理念和专业技术的不断发展、进步，建筑模型设计及其表现手法将更加丰富多彩，模型展示效果更加生动逼真。

二、建筑模型设计与制作的应用价值

建筑设计是指建筑物在建造之前，设计者根据具体建设任务，把施工过程和日后使用过程中可能遇到的问题，事先做好预想（案），并拟定解决这些问题的方案，用图纸和文字表达出来，作为备料、施工组织工作和各工种在制作、建造工作中互相配合协作的共同依据，使整个工程得以在预定的投资限额内，按照预定方案，统一部署，顺利完成，并使最终的建筑充分满足使用者的要求。

建筑模型则是采用单一或多种材料，运用便捷的加工手法，严格按照一定比例，采用微缩的手法形象逼真地表达建筑结构、建筑形态、建筑主体及建筑与环境、城市景观、城市规划等空间的立体效果。它是教学研究、设计投标、建筑设计、城市建设、地产开发、招商合作、业绩展现的重要手段与载体，具有极强的社会应用价值。

建筑模型设计不仅仅是在建筑设计完成之后将其展现出来，从建筑设计之初，就应坚持系统观念，注重每一个环节相互联系、相互依存的重要性。从最初草图阶段的概念模型扩展到可分析和修改的研究模型，最后完成模型的设计制作。。在整个过程中，建筑模型有助于建筑细部、建筑结构、建筑形式、建筑比例、建筑尺度的分析与研究，相较于二维空间表现手法，它更直观地传递了设计者的设计构思和想法，通过多维度空间对建筑模型的推敲与分析更有助于设计者设计思路的激发及设计方案的完善。从这种意义上来说，建筑模型是设计师捕捉设计灵感、完善设计方案的重要手段。

“恒山悬空寺建筑结构设计模型”是哈尔滨工业大学学生课堂习作，该模型为设计类模型。学生设计制作过程中，从研究木建筑结构设计入手，完整再现了建筑的内部空间布局及建筑结构细部。在这里，模型更多的作用是用来研究木建筑的结构设计，以辅助建筑设计的最终完成。（图1–11至图1–15）

图1–16、图1–17分别体现了建筑曲线美、结构穿插，无论是从建筑形态还是比例穿插，模型都很好地诠释了设计者的设计理念与想法。

图 1–11　恒山悬空寺建筑结构设计模型视角 1/ 佚名 / 哈尔滨工业大学 / 2017 年

图 1–12　恒山悬空寺建筑结构设计模型视角 2/ 佚名 / 哈尔滨工业大学 /2017 年

图 1–13　恒山悬空寺建筑结构设计模型视角 3/ 佚名 / 哈尔滨工业大学 /2017 年

图 1–14　恒山悬空寺建筑结构设计模型视角 4/ 佚名 / 哈尔滨工业大学 /2017 年

图 1–15　恒山悬空寺建筑结构设计模型视角 5/ 佚名 / 哈尔滨工业大学 /2017 年

图 1–16　建筑模型的曲线美 / 佚名

图 1–17　建筑模型的结构穿插 / 佚名

高等学校艺术设计专业的学生，是未来设计师的储备力量，大学期间对于专业学习及艺术修养的培养会为其日后在工作岗位中做到勇于开拓、敬业奉献、服务人民提供根本保障。实践没有止境，教学中，学生通过运用单一材质、单一色彩进行建筑表达的训练，对其掌控整体建筑风格和建筑色彩的设计具有完整性和统一性的提高；通过对一些易于加工的综合材料的运用，将其设计想法以更加直观、形象的方式表达出来，有助于学生立体空间思维的训练。坚持守正创新，制作中，学生通过尝试新材料、新方法，以手工或机械打磨的处理方式，形成具有转折或凹凸变化的表面形态，有助于扩展学生的设计思维；通过对建筑模型表面材质的物理或化学手段的处理，从而产生惟妙惟肖、丰富多彩的肌理效果，有助于培养学生的审美情趣。（图1–18至图1–21）

图 1–19　建筑模型材质搭配训练——“本色”视角 2/ 杨闯 / 哈尔滨华德学院 /2015 年

图 1–18　建筑模型材质搭配训练——“本色”视角 1/ 杨闯 / 哈尔滨华德学院 /2015 年

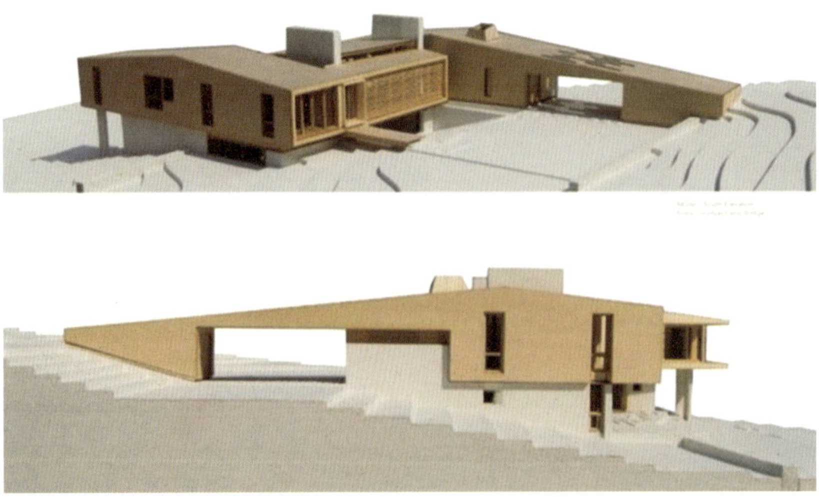

图 1–20　建筑模型单一色彩表现 / 佚名

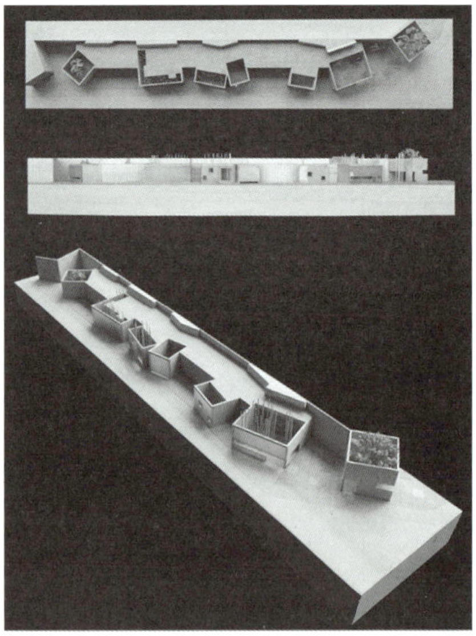

图 1–21　建筑模型单一材质表现 / 佚名

建筑模型也是建筑设计作品展现的主要表现手段。建筑模型作为建筑设计表现的辅助手段，已被广泛应用于方案投标与公共展示、房地产开发与销售之中。仅从展示与欣赏的角度看，建筑模型堪称建筑美学与材料及工艺相结合的艺术品。（图1–22至图1–33）

图 1–22 “岩巢”概念建筑设计效果图 / 佚名 / 哈尔滨工业大学建筑学院 /2017 年

图 1–23 “岩巢”建筑概念模型视角 1/ 佚名 / 哈尔滨工业大学建筑学院 /2017 年

图 1–24 “岩巢”建筑概念模型视角 2/ 佚名 / 哈尔滨工业大学建筑学院 /2017 年

图 1–25 “SOHO 花园”规划类概念建筑模型视角 1/ 张啸 许立瑶 车艺娜 / 哈尔滨工业大学建筑学院 /2017 年

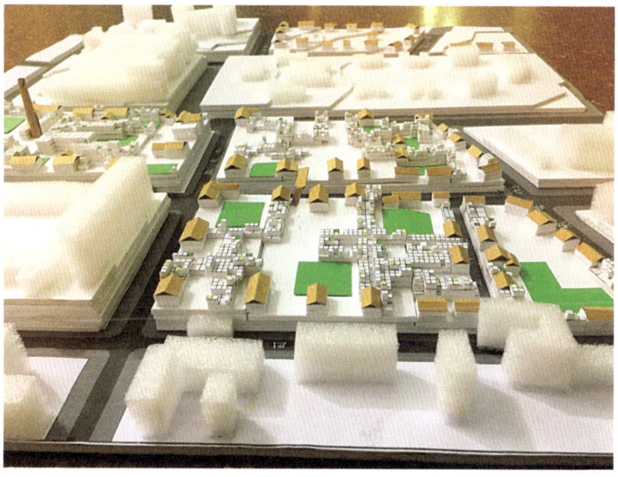

图 1–26 “SOHO 花园”规划类概念建筑模型视角 2/ 张啸 许立瑶 车艺娜 / 哈尔滨工业大学建筑学院 /2017 年

图 1-27　圆柱拱顶清真寺模型 / 新加坡 /2017 年

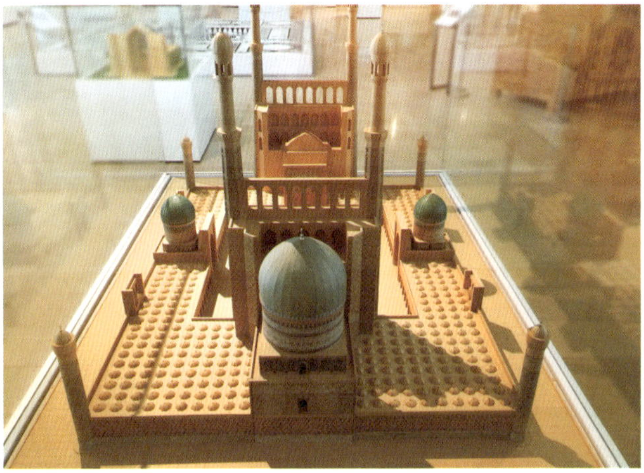
图 1-28　圆柱拱顶清真寺模型 / 新加坡 /2017 年

图 1-29　圆柱拱顶清真寺模型 / 新加坡 /2017 年

图 1-30　圆柱拱顶清真寺模型 / 新加坡 /2017 年

图 1-31　圆柱拱顶清真寺模型 / 新加坡 /2017 年

图 1–32 锦江花园房产销售模型 / 哈尔滨建境模型设计制作有限公司 / 哈尔滨 /2015 年

图 1–33 学府经典房产销售模型 / 哈尔滨建境模型设计制作有限公司 / 哈尔滨 /2016 年

第二节　模型的类型及制作原则

一、非建筑模型

1. 按用途分类

（1）工业产品模型

根据实物、设计图样或设计构思，按比例、生态或其他特征制成的与实物相似的模型。运用石膏、木材、塑料等材料，采用合适的结构，选择恰当的加工工艺和三维实体的表现手法，表达产品的设计构思并模拟产品的形态结构。按模型的作用可分为以下几类。

概念模型，在设计构思初步完成后，用概括的手法表现产品的造型风格、布局安排以及产品与人物、环境的关系等，从整体上表现产品概念，有极强的概括性、示意性、随意性及灵活性等特征。（图1–34、图1–35）

研究模型，此类模型表现周期长，效果具体形象生动，表现力细腻，表现手法严谨。

测试模型，此类模型通过对原理的试验、检测，获得与生产有关的资料和数据。

展示模型，此类模型主要用于博物馆展览及大型展览、展销会上的商品展示，起到宣传、销售的作用。（图1–36至图1–39）

（2）军事模型

是军事系统、军事过程、军事事物或军事概念的一种表达形式，是以军事武器为原型按一定比例缩小或放大的模型，一般用于教学、展览、实验及装饰等。

军事模型种类很多，按使用角度可分为：爱好收藏，如“二战”的坦克模型；观赏陈列，如各类军事模型工艺品；宣传介绍，教学模型；游乐表演，用于水上军事娱乐项目；研究实验，各种军事研发与实验的模型等等。按运动形式可分为静态军事模型和动态军事模型，其中静态模型又可分为静态拼装和静态展示模型，动态模型按动力不同又分为机械原理、电机驱动等不同类别。按材质分类主要有金属军事模型、塑料军事模型、树脂军事模型和木质军事模型四类。（图1–40至图1–43）

图 1–34　“行胜”跑车概念模型视角 1/ 张展、马军飞、王帮龙、张旭峰、陈硕 / 清华大学美术学院 / 2016 年

图 1–35　“行胜”跑车概念模型视角 2/ 张展、马军飞、王帮龙、张旭峰、陈硕 / 清华大学美术学院 /2016 年

图 1-36 “行胜”跑车测试及展示模型视角 1/ 张展、马军飞、王帮龙、张旭峰、陈硕 / 清华大学美术学院 /2016 年

图 1-37 “行胜”跑车测试及展示模型视角 2/ 张展、马军飞、王帮龙、张旭峰、陈硕 / 清华大学美术学院 /2016 年

图 1-38 “行胜”跑车测试及展示模型视角 3/ 张展、马军飞、王帮龙、张旭峰、陈硕 / 清华大学美术学院 /2016 年

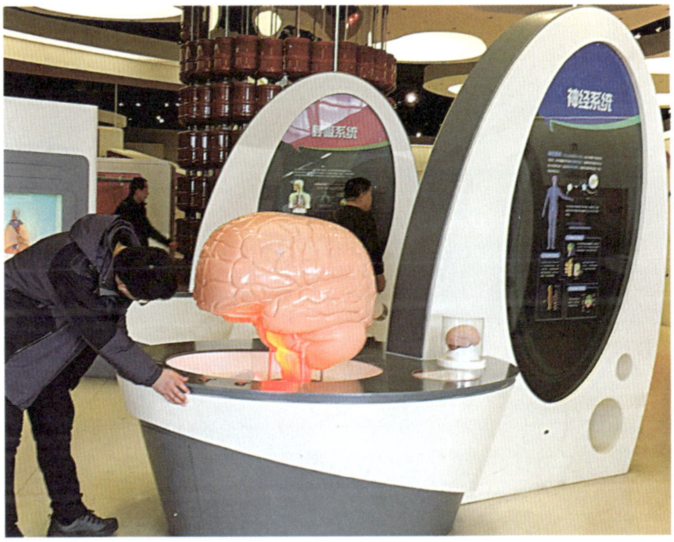

图 1-39 “神经系统”展示模型 / 哈尔滨科技馆 / 2017 年

图 1-40 “飞翔的荷兰人”金属模型 / 佚名

图 1-41 “136 号”导弹驱逐舰树脂模型 / 天津基辅号航母 /2017 年

图 1-42　罗马战舰——“凯撒号”木制模型 / 天津基辅号航母 /2017 年

图 1-43　隋朝五牙战舰木制模型 / 天津基辅号航母 /2017 年

图 1-44 蓝精灵——动漫手办模型 / 北京博达雕塑艺术有限公司 / 北京 /2016 年

图 1-45 唐老鸭、HELLO KITTY 机器猫——动漫手办模型 / 佚名

（3）动漫模型

20世纪80年代以前的动漫模型，主要指军事、车辆等模型，科幻模型只满足低龄玩家的需要，制作工艺简单。由于机动战士高达的成功，在成年玩家市场的需求下，很快就出现了面向成人的动漫模型。（图1–44、图1–45）

2. 按制作材料分类

（1）金属拼装模型

一般采用黄铜或不锈钢等金属材料，由金属拼接组装而成。这类模型的特点是按照顺序和技术要求，把各个零部件连接或固定，并拼接组装。它最大的优点是高档逼真、保存持久，可玩性强。（图1–46、图1–47）

（2）卡片模型

也叫纸模型，是以厚纸或卡片为主要制作材料的“比例模型”。纸模型根据其图纸的来源，可分为两类：一是市面出售的印刷品及书籍；二是从网上下载的免费图纸，再自行打印、剪贴。（图1–48、图1–49）

（3）木质模型

以木质材料为主的模型，一般采用人造板或实木板拼装而成。在我国，木制模型制作的历史可追溯至公元前，在古代，人们建造一些重要的历史建筑时，常常运用木材制作微缩的建筑复制品。（图1–50）

图 1-46 《悉尼歌剧院》金属拼装模型 / 佚名

图 1-47 高达金属拼装动漫模型 / 佚名 / 2016 年

图 1–48　纸板卡片拼装飞机模型 / 佚名

图 1–49　纸板卡片拼装汽车模型 / 佚名

图 1–50　中国古典家具木制模型 / 佚名

（4）树脂模型

用于制作树脂模型的材料主要是环氧树脂。常用有机玻璃或ABS材料制作原件，用硅胶或石膏制作模子，经过开模后，再浇筑环氧树脂，并使其固化成型。

二、建筑模型

1. 按功能分类

（1）设计类模型

设计类模型在制作过程中，不拘泥于材料与工艺，通常选用单一且方便裁切的材料，不要求制作过程中有丝毫不差的精准度，只求比例准确，结构合理，能很好地解决设计中所遇到的各类问题，辅助设计方案的完成，准确表述设计者的设计意图即可。它是设计师设计思路的完整表述，在整个设计过程中，设计师通过设计模型的辅助，使得设计思路得到进一步发展和完善。设计类模型贯穿整个方案设计过程的始终，可分为：草图阶段的概念模型、研究阶段的扩展模型、方案完成的终结模型。

（2）概念模型

根据研究目的不同，概念模型可分为体块模型和框架模型两种。体块模型是指在研究建筑自身形态及衡

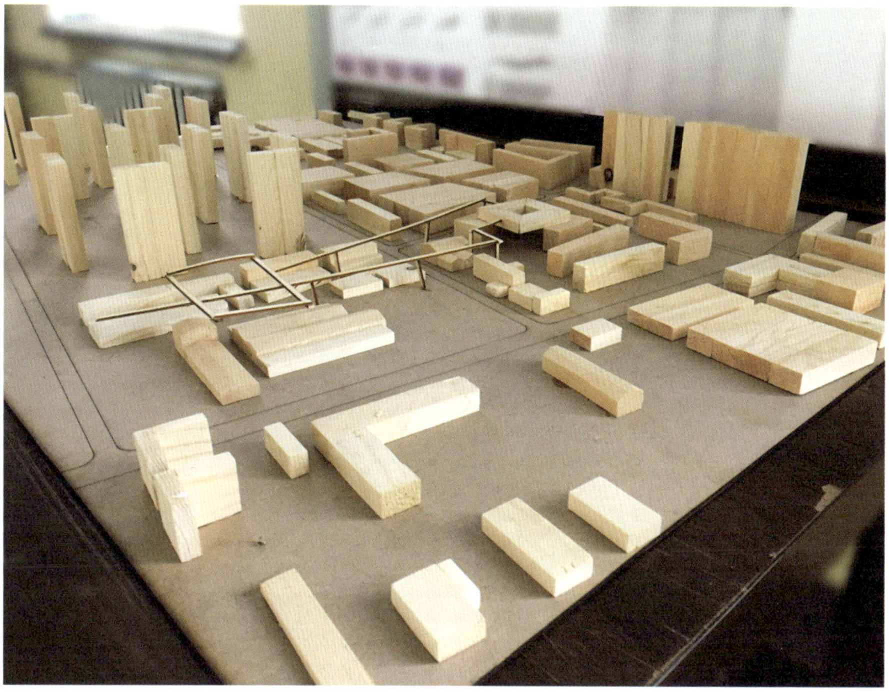

图 1-51 体块模型——风参数城市休息亭设计 / 洗浩辉 曲大刚 边哲 向均达 / 哈尔滨工业大学 /2017 年

图 1-52 体块模型——老年人日托中心项目设计 / 陆柏屹 王冠群 蔡恒屹 鲍瑞生 / 哈尔滨工业大学建筑学院 /2017 年

量建筑与周边环境比例关系时，借助建筑体块来表现建筑之间的体量关系。（图1-51、图1-52）框架模型是指在建筑方案研究阶段，为便于表述或研究建筑结构，及对建筑结构的合理性及可行性进行研究，借助结构框架的表现形式而制作的模型。（图1-53至图1-58）

（3）扩展模型

是建筑方案基本确定后所制作的模型，一方面用以研究建筑结构、比例的合理性，建筑细部及转折点、连结点的衔接问题；另一方用以研究建筑的横、纵向剖切关系，横向及垂直交通的方便与灵活问题；最后再推敲建筑内部空间布局的合理性。整个扩展模型阶段就是对建筑设计方案的再完善过程。（图1–59至图1–64）

（4）终结模型

待建筑方案全部敲定后，在研究建筑与其周边环境的关系时，通常会借助终结模型来说明建筑与周边景观布局的整合性。终结模型类似于表现模型，但它与表现模型最大的区别在于，它是以单一材质、单一颜色进行表现，景观环境多是通过概念表述的方式予以表达。（图1–65至图1–67）

图 1–53　框架模型——“形上”工作室设计 / 佚名

图 1–54　结构模型——某展馆建筑设计 / 佚名

图 1–55　中加联合工作坊效果图表现 / 佚名 / 哈尔滨工业大学建筑学院 / 2017 年

图 1–56　中加联合工作坊木结构设计模型视角 1/ 佚名 / 哈尔滨工业大学建筑学院 /2017 年

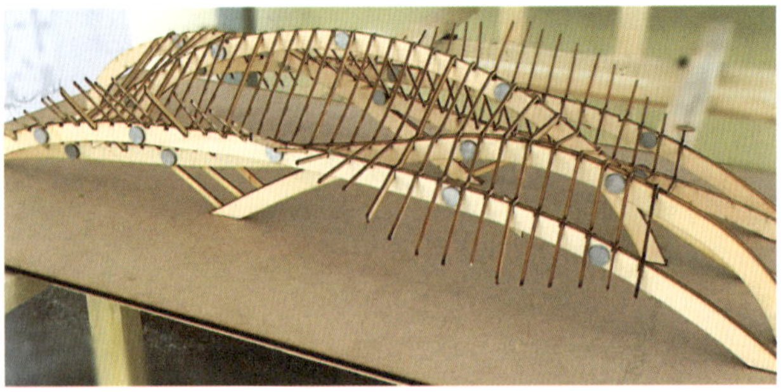

图 1–57　中加联合工作坊木结构设计模型视角 2/ 佚名 / 哈尔滨工业大学建筑学院 /2017 年

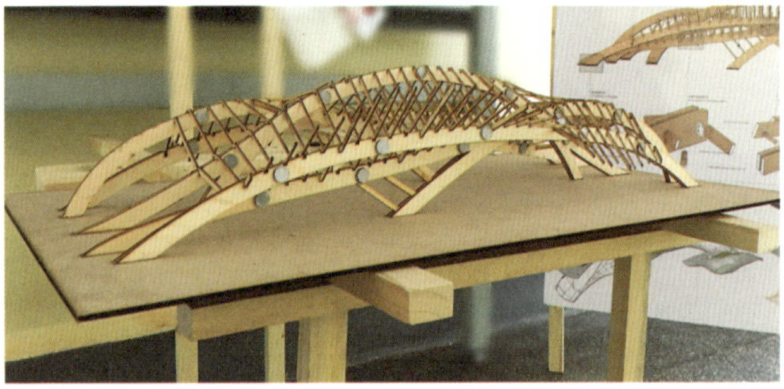

图 1–58　中加联合工作坊木结构设计模型视角 3/ 佚名 / 哈尔滨工业大学建筑学院 /2017 年

图 1-59　华德美术馆建筑设计概念模型视角 1/ 高寄语、胡美杨 / 哈尔滨 /2017 年

图 1-60　华德美术馆建筑设计概念模型视角 2/ 高寄语、胡美杨 / 哈尔滨 /2017 年

图 1-61　华德美术馆建筑设计概念模型亮化效果 / 高寄语、胡美杨 / 哈尔滨 /2017 年

图 1-62　扩展模型——木建筑结构设计“叠木”视角 1/ 佚名 / 哈尔滨工业大学建筑学院 /2017 年

图 1–63 扩展模型——木建筑结构设计“叠木”视角 2/ 佚名 / 哈尔滨工业大学建筑学院 /2017 年

图 1–64 扩展模型——木建筑结构设计“叠木”视角 3/ 佚名 / 哈尔滨工业大学建筑学院 /2017 年

图 1–65 终结模型——木结构建筑设计视角 1/ 佚名 / 哈尔滨工业大学 /2017 年

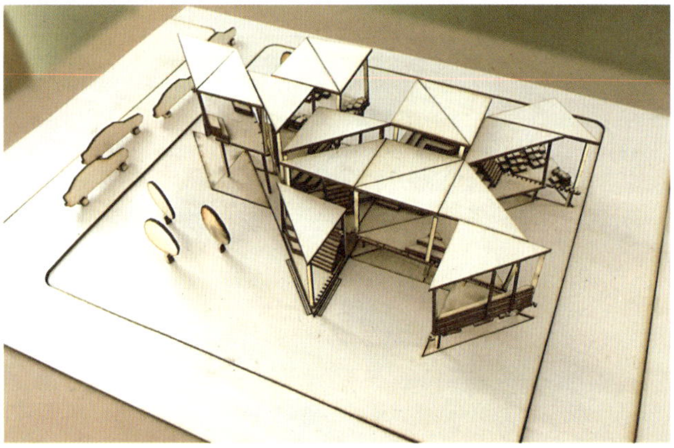

图 1–66 终结模型——木结构建筑设计视角 2/ 佚名 / 哈尔滨工业大学 /2017 年

图 1–67 终结模型——木结构建筑设计视角 3/ 佚名 / 哈尔滨工业大学 /2017 年

图 1-68　哈西群力联络空间规划展览模型 / 哈尔滨城市展览馆 /2017 年

图 1-69　哈南工业新区规划展览模型 / 哈尔滨城市展览馆 /2017 年

（5）表现类模型

建筑表现类模型，是其作品形象展示的一种艺术语言，无论从设计还是制作，都有别于设计类模型，如果说设计类模型是伴随方案的成长而完成，它则是在方案完成之后才诞生。表现类模型是依托于设计方案的总图、平面图、立面图及剖面图，按照一定比例，精确微缩。这类模型要求做工精巧、表现细致，其材料的选择、色彩的搭配、绿化的处理、灯光的配置等都是根据原方案的设计构思，进行表现处理。这类模型将建筑的外观表现得更加直观、完整与生动，更加注重表现力，因而其常被应用于建筑报建、投标审定、施工参考、房产销售、展览展示等领域，具有极强的使用、观赏及保存价值。（图1-68、图1-69）

2. 按材料分类

不同材料有各自的属性及表现语言，同一模型因使用材质的不同，所呈现的最终效果也不尽相同。材质的选择主要依据模型所要表达的主要内容和表现手法根据模型制作采用的主要材料，可分为纸质模型、石膏模型、黏土模型、塑料模型、木制模型、金属模型和综合材料模型。澳大利亚艺术家Daniel Agdag擅长使用纸板和胶水制作精细、结构复杂的建筑和机械模型，所有作品都没有绘制平面或细节图，而是直接制作成立体的模型。（图1-70至图1-81）

图 1–70 纸板模型 /Daniel Agdag / 澳大利亚 /2016 年

图 1–71 纸板模型 /Daniel Agdag / 澳大利亚 /2016 年

图 1–72 纸板模型——“我的家”视角 1/ 刘佳、刘宇 / 哈尔滨师范大学 /2015 年

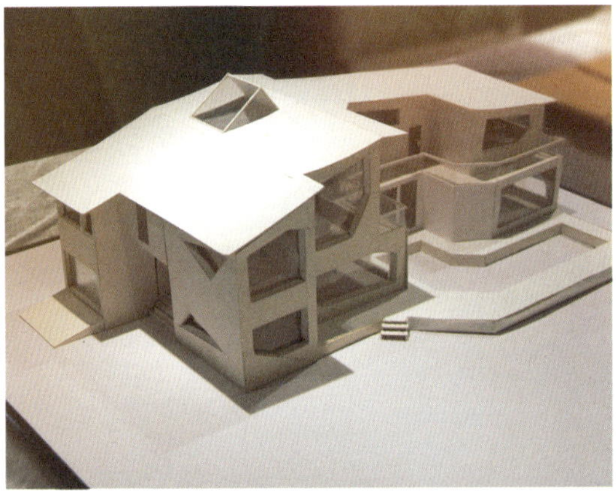

图 1–73 纸板模型——“我的家”视角 2/ 刘佳、刘宇 / 哈尔滨师范大学 /2015 年

图 1–74 陶土模型——消失的建筑 / 陈鹏 / 哈尔滨师范大学 / 2016 年

图 1–75 铸铜模型——消失的建筑 / 陈鹏 / 哈尔滨城市展览馆 / 2017 年

图 1-76 塑料模型——扎哈·哈迪德建筑作品概念模型视角 1/ 李竞元 / 哈尔滨师范大学 /2016 年

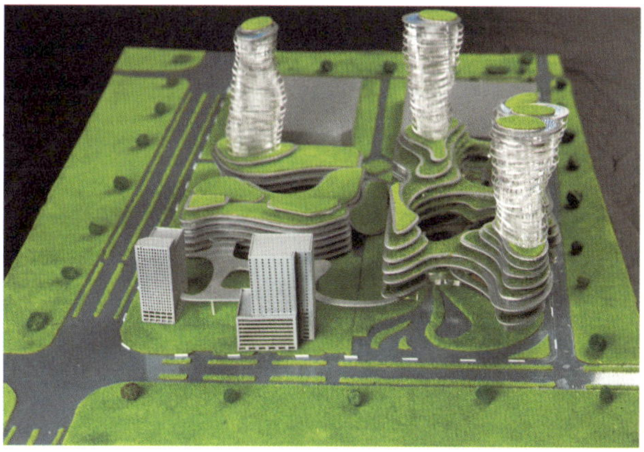

图 1-77 塑料模型——扎哈·哈迪德建筑作品概念模型视角 2/ 李竞元 / 哈尔滨师范大学 /2016 年

图 1-78 木制模型——江南庭院建筑 / 刘思然 / 哈尔滨华德学院 /2015 年

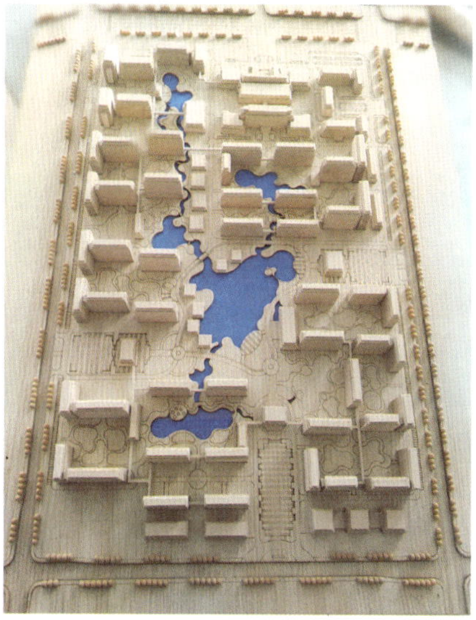

图 1-79 木制模型——胜德花园小区规划模型 / 哈尔滨建境模型设计制作有限公司 /2015 年

图 1-80 金属模型——天坛 / 佚名 / 2015 年

图 1-81 综合材料模型——天邑澜湾销售中心 / 佚名 /2016 年

图 1-82　哈尔滨东正教帡幪圣母夫教堂视角 1/ 哈尔滨城市设计展览馆 /2017 年

图 1-83　哈尔滨东正教帡幪圣母夫教堂视角 2/ 哈尔滨城市设计展览馆 /2017 年

三、建筑模型制作准则

建筑模型在建筑设计、教学实践和展览展示中被广泛应用，它涵盖门类齐全、涉猎内容广泛，从室内局部表现到空间整体布局，从建筑细部到建筑整体，从园林一隅到城市总规，无所不及。因此，为满足各类模型的制作需求，在具体制作过程中应遵循以下基本原则：

1. 技术性原则

建筑模型不同于一般的手工艺术品，既属于科技产品又属于艺术范畴，它介于感性创作与理性制作之间。在设计类模型制作过程中，秉承守正创新的原则，遵循理性客观制作的法则，以研究为主要目的，倾向于对其结构、造型、体量的研究，在最终表现过程中，允许采用适当的夸张手法。而在表现类模型制作过程中，须发扬钉钉子精神，以真实客观反映设计者的设计理念及自然景观形态为制作的基本依据，不做主观的夸张、变形表现。但无论哪一类模型的制作，都应以精准作为其技术性的基本要求，选取相应、合理的材料以达到对模型的充分展现。同时，为达到精雕细刻的要求，还应尽量选择先进的工具及加工工艺，生动自然的展现出建筑形态。

2. 艺术性原则

建筑模型的制作，虽应遵循严谨的技术性准则，体现建筑与环境之间真实客观地存在关系，但也应有别于对建筑物与环境的简单复制。制作过程中，要求制作人员在充分理解设计图纸、明白设计者设计意图之后，运用自己的巧妙构思并选择适合的表现材料进行制作，从而使其成为具有一定艺术性的微缩建筑与环境实体。建筑模型通过其立体形态，借助表面材质及整体模型颜色的呈现，来表现建筑物与环境之间真实的形态，从而给人以视觉上美的感受。

哈尔滨东正教帡幪圣母夫教堂的模型制作，将技术与艺术相结合，既准确无误地表达了建筑风格特征及建筑比例，同时通过艺术手法的处理，统一采用白色ABS板雕刻，借助冷光照射给予观者庄严、神圣、素雅的视觉效果。（图1-82、图1-83）

四、建筑模型的制作材料与工具

1. 建筑模型制作材料的特性与应用

模型材料种类繁多，但都具有色泽、厚度、表面肌理等不同特性。材料的选择决定了模型的最终形态、空间和色彩，因此充分挖掘不同的材料特征，发挥其特性，可以使建筑模型因材料的多样性而呈现异彩纷呈的表现效果。

图 1–84　彩色卡纸

（1）纸材

由于纸材质地柔软，易于裁切，因此在建筑设计的方案阶段及教学过程中经常用到。但因纸材易变形及易破损，所以在使用过程中又有所限制。纸材根据其厚度及自身纹理，可分为很多种，用于模型制作的纸材通常有以下几种：卡纸、纸板、瓦楞纸和装饰纸。

卡纸，是介于纸和纸板之间的一类厚纸的总称。（图1–84）

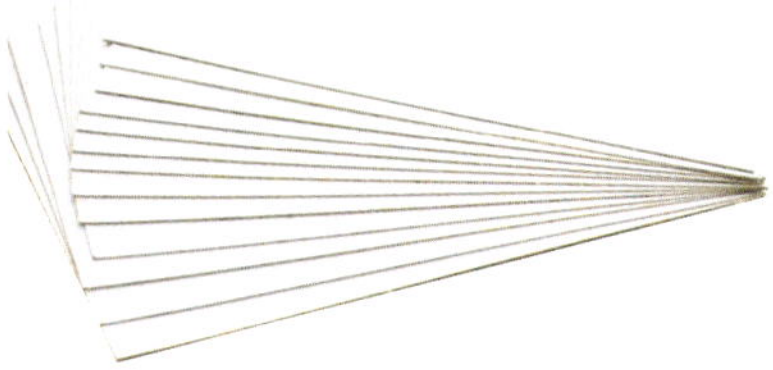

图 1–85　白色纸板

纸板，是对厚度大于0.5mm的纸的统称，根据用途可分为纸箱板、白纸板、黄纸板。（图1–85、图1–86）

卡纸和纸板主要用于设计类模型的方案阶段，研究建筑的体量及结构的搭接与穿插。同时也可利用卡纸和纸板的表面颜色及自身厚度，用于地面铺装、桥梁道路及山体地形的表现与制作。

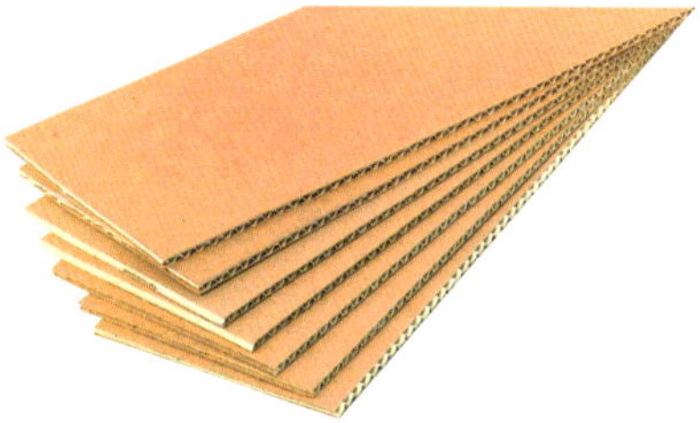

图 1–86　黄色纸板

瓦楞纸，可分为单瓦楞纸和双瓦楞纸两种。（图1–87）根据自身形象特征，主要用于建筑屋顶或墙体立面造型的设计与制作。

装饰纸，主要提供花纹图案的装饰作用和防止底层胶液渗透的覆盖作用。（图1–88）装饰纸因其高仿真性，常被用于建筑的内、外墙装饰及室内外地面的铺装等。

图 1–87　瓦楞纸

图 1–88　装饰纸

图 1–89　密度板

图 1–90　细木工板

图 1–91　澳松板雕刻

图 1–92　KT 板

图 1–93　雪弗板

（2）木材

木材因其质地轻、质感细腻、易于加工与造型的特征，成为模型制作中的常用材料。又因其具有天然的色泽与纹理，常被用于制作建筑表现类模型的结构细节或园林景观等。用于模型制作的木材通常有以下几种：实木板、方料、细木工板、澳松板、密度板、航空模型板等。

实木板材，具有坚固耐用、纹路自然、色泽圆润等属性，但也因价格昂贵而实际利用率不高。它通常以木线条、木棒的形式，通过机械的切割与雕刻用于表现类模型的主体制作中。

人造板，是利用木材在加工过程中产生的边角废料，通过化工粘接剂制成的板材。人造板的板幅通常是1220×2440mm,不同种类板材，其厚度从0.2~9mm不等。其中细木工板，根据其板厚通常用作模型底盘及展台的基础骨架；密度板、澳松板常用于模型底盘、山体地形及概念模型建筑的表达；2mm胶合板根据板厚与密度常用于表现地形道路及表现类模型的制作；薄木贴面板及铝塑板常被用于制作模型底盘的边框及模型展台的表面部分。（图1–89至图1–91）

（3）塑料

塑料具有自重轻、易加工、种类多、易上色等特点，因而在模型制作过程中也属于常用材料。按其种类可分为：雪弗板、KT板、泡沫板、PVC板、ABS板、亚克力板等。

KT板，是一种由PS颗粒经过发泡形成板芯，再经表面覆膜压合而成的一种材料。板幅长2400mm，宽900~1200mm，颜色以黑白两色为主，也有红色、蓝色、黄色、绿色等，主要用于概念模型、教学实践及道路地形、等高线的制作。裁切时需要注意，切割工具一定要足够锋利，方能保证所切之处平滑圆润无瑕疵。（图1–92）

雪弗板，又称安迪板，可锯、可刨、可钉、可粘，具有不变形、不开裂、不需涂漆等特性。广泛用于建筑、车船制造、家具、装饰装修、广告制作、展览标牌等行业。常见规格有1220×2440mm，1560×3050mm，2050×3050mm，厚度在1~30mm。（图1–93）

泡沫板，又称EPS板或多孔塑料板，具有易加工、易切割的特性，但遇热或碱性胶质易腐蚀，分为软质与硬质两种。根据其特性，常用于概念模型的体块制作及山体地形的制作。（图1–94、图1–95）

图 1–94　泡沫板

图 1–95　挤塑板

PVC板，具有防腐、防潮、防霉、不吸水、可钻、可锯、可刨、预热弯曲、加热成型等特点，但切割时不可采用激光雕刻机进行裁切。分软质与硬质、透明与不透明，板幅为1220×2440mm，厚度为1~30mm。颜色有白色、灰色、宝石蓝、茶色、咖啡色等。

ABS板，具有不易变形、易上色、易加工、易粘接、无毒无味等特性，是模型制作过程中的首选材料。颜色有白色、黑色、米黄色及透明色。板幅为2000×1000mm，厚度为1~20mm。

亚克力板，质轻、不易碎、耐老化性能强、透明度较高，可用锯、钻、刨等方式进行加工。常规颜色有透明色、湖蓝色、绿色、茶色、乳白色等，规格为：厚2~12mm，长30~50mm，宽1220~2100mm。PVC板、ABS板、亚克力板常用于数控雕刻或手工制作的建筑主体、室内家具、建筑门窗、室外景观、园林公共设施等模型。（图1–96、图1–97、图1–98）

制模材料

制模材料是建筑模型制作过程中的基础材料，其质感粗糙易于成型，同时还可根据其自身色泽及特性制作出不同的肌理效果。常见的制模材料有石膏、黏土、腻子等。

石膏，可用于地形、地势、概念模型等的翻模与制作，亦可起到填充剂的作用。

黏土，可塑性强，易于存放、便于着色，分为纸浆黏土、树脂黏土、油黏土、石粉黏土、木制黏土等。黏土根据其特性常用于制作室内外家具、壁饰、人物及车辆等模型。

腻子，又称填泥，适用于平整物体表面的一种材料。在模型制作中用于缝隙的填充和缺口的修补。

（4）金属材料

金属材料常见种类有钢、铁、铜、铝、锌、锡等，有

图 1–96　PVC 板

图 1–97　ABS 板

图1–98　亚克力板

图 1–99　做树木用的金属铁丝线

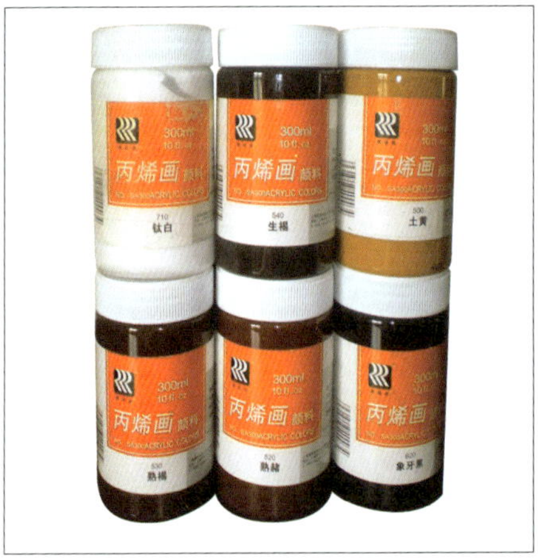

图 1–100　丙烯颜料

图 1–101　自喷漆

板材、管材与线材之分。此类材料对于加工设备及加工工艺有较高要求，大多数金属类模型需要在专业的模型制作工作室完成，需使用配套工具，如电锯、电钻、电磨、电焊枪等，通过切割、钻孔、焊接、打磨等工序加工制作完成。因此，在教学过程中不予太多涉猎，但在常规模型制作过程中，有时会选用成捆的细铁线或铜线制作树木。（图1–99）

（5）着色剂

建筑模型因形象逼真而达到超仿真效果，除了本身做工精细、材料运用合理外，还与模型颜色的合理搭配有着重要关系。除了利用材质本身的天然色泽，绝大多数颜色都是要进行后期喷涂，因此，为模型喷漆是重要的制作过程之一，建筑模型中常用的着色颜料有丙烯、自喷漆、硝基漆以及专用模型漆等。

丙烯颜料，属于人工合成的聚合颜料，其种类丰富，有亚光丙烯颜料、半亚光丙烯颜料和亮光丙烯颜料，同时还配有丙烯哑光油、上光油等。丙烯颜料具有速干、易操作、色泽饱满、鲜润、浓重、保存时间长等特点，在教学中常被用到，同时在专业的模型制作工作室的小面积着色中也常被用到。（图1–100）

自喷漆，又名手动喷漆，因其喷涂后平整性好、遮盖力强、保光、保色性能优良、易着色、易操作等性能而被广泛使用。但因颜色种类相对单一，所以在使用中有一定的局限性。使用前将罐体充分摇匀，如若一次使用不完，可将罐体倒置喷涂几秒，以确保喷嘴喷净余漆。（图1–101）

粘接剂

粘接剂是指同种物质或不同物质之间表面粘接所用的材料。模型制作过程中，材质不同，所用粘接剂也不同，常用粘接剂有白乳胶、502、101、万能胶、二氯甲烷、U胶等。（图1–102）

二氯甲烷，一种透明液体，具有遇光易挥发、低毒、不燃的特性，对塑料制品，如ABS板有瞬间粘接之功效，因此在模型制作过程中被广泛应用。（图1–103）

“工欲善其事，必先利其器”，建筑模型精细的制作，除了需要对材料的熟知与把握，对制作工具也要熟练运用。建筑模型制作工具大致可分为以下几类：测绘、切割、钻孔、打磨与抛光等。

2. 测绘类工具

（1）测量

建筑模型的制作前提是精准，因此制作伊始的测量就要求精细，测量工具种类很多，常用的有：直尺、钢尺、游标卡尺、比例尺、千分尺、卷尺、分规、丁字尺、三角板、高度尺等。（图1–104至图1–106）

游标卡尺、千分尺、高度尺为小尺度精细测量工具；卷尺用于大尺度测量，在精细测量上会有误差，其他种类的测量工具可测量可绘图。

图 1–102　U 胶

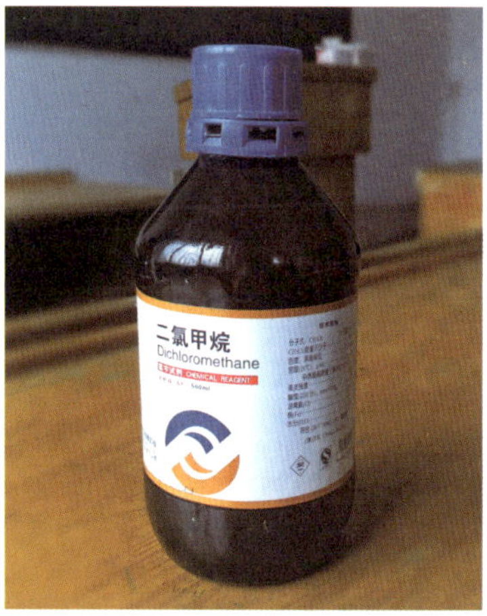

图 1–103　二氯甲烷

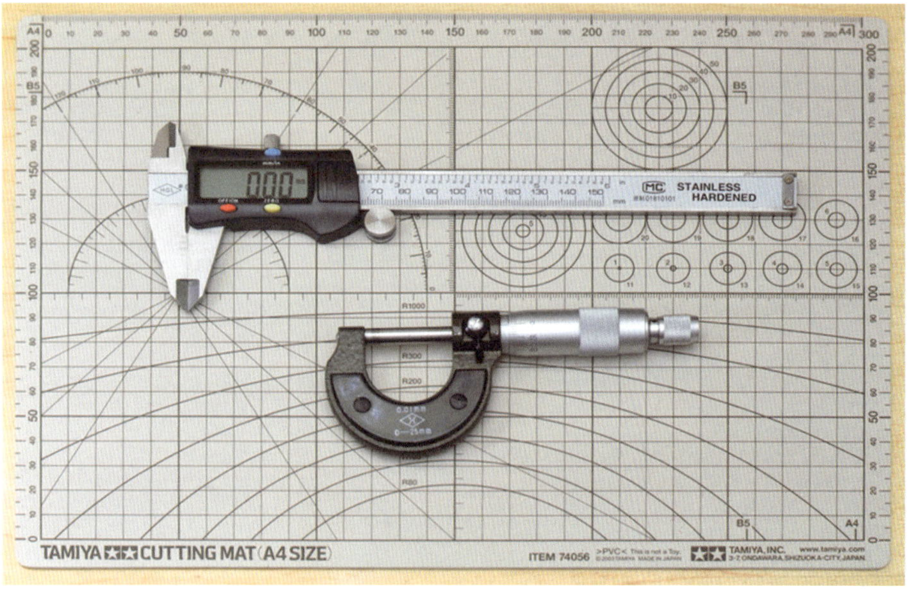

图 1–104　游标卡尺

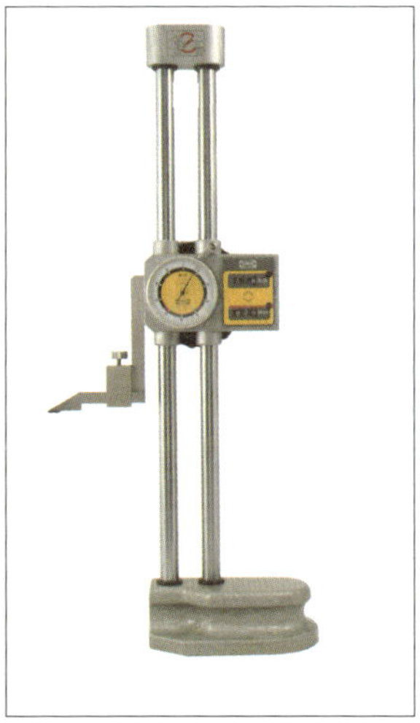

图 1–105　高度尺

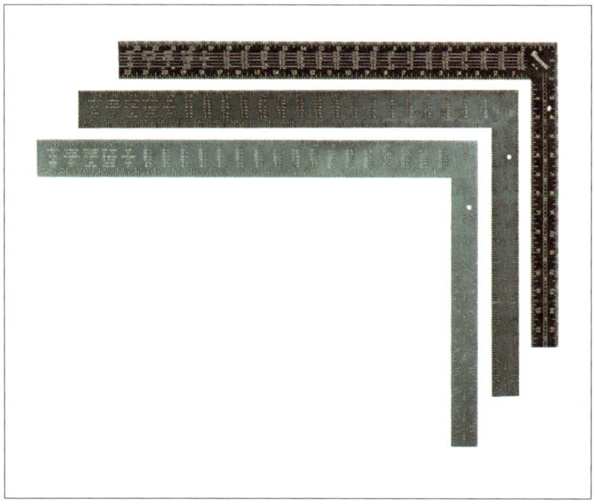

图 1–106　直角尺

（2）绘制与喷涂

除了前文提到的各类尺子可用于绘制外，还有铅笔、圆规、钢针、渗线笔、一次性针管笔、喷笔以及与之配套的气泵、防毒口罩等工具。（图1–107至图1–110）

圆规、钢针用于塑料板上的刻线、画圆、画弧；渗线笔、一次性针管笔用于模型的勾线及局部刻画；喷笔则用于模型的整体着色。

3. 切割类工具

（1）裁切

制作中为了保证裁切质量，只要是锋利的刀剪均可使用：不同规格的切割垫、刻线针、笔刀、美工刀、勾刀、介纸刀、圆规刀、多功能钳、指甲钳、剪刀等。（图1–111至图1–113）

切割垫是充当切割平台的专业平台；笔刀用于切掉模型边缘的多余部分；介纸刀、美工刀用于切割材料；勾刀用于勾缝；圆规刀用于切割直径4~23mm的圆；剪刀、指甲钳用于对材料的修剪、剪切。（图1–114）

（2）切割

切割类工具有尖嘴钳（包括带刃口和不带刃口两种）、斜嘴钳、平口钳、多功能钳、老虎钳、薄刃剪、钢锯、弓形锯、手提线锯机、电锯、切割机等。（图1–115至图1–118）

不带刃口的尖嘴钳用于拿捏材料，带刃口的尖嘴钳用于裁切单股细铁丝；弓形锯、手提线锯机用于木材、塑料的直线与曲线切割，手提线锯机还可进行打孔切割。

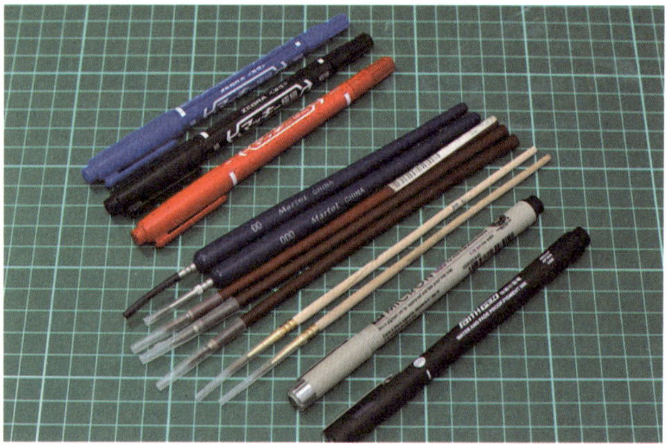

图 1–107　渗线笔、一次性针管笔

图 1–108　喷笔

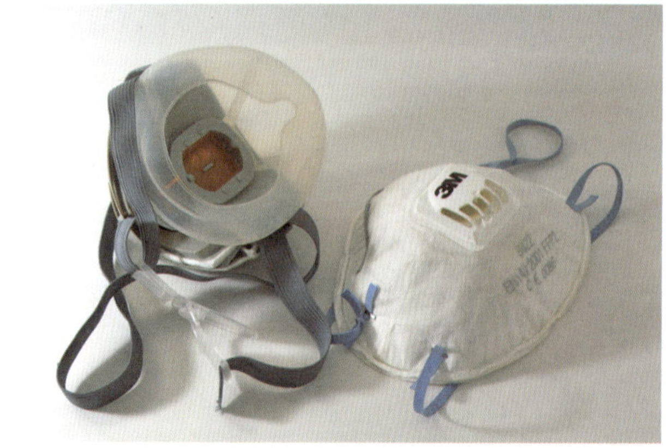

图 1–109　防毒面具

图 1–110　喷泵

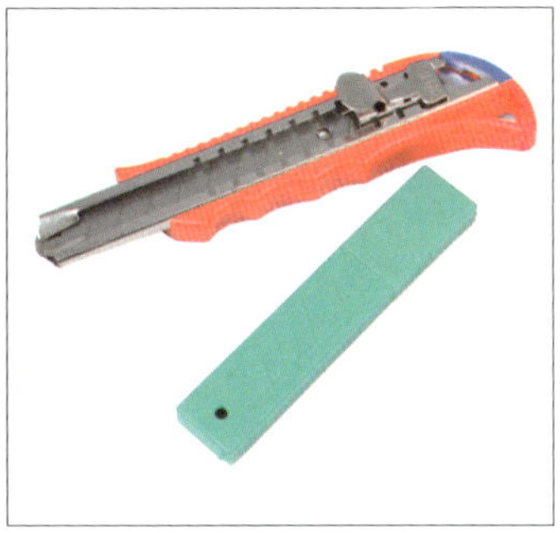

图 1-111　壁纸刀

图 1-112　勾刀

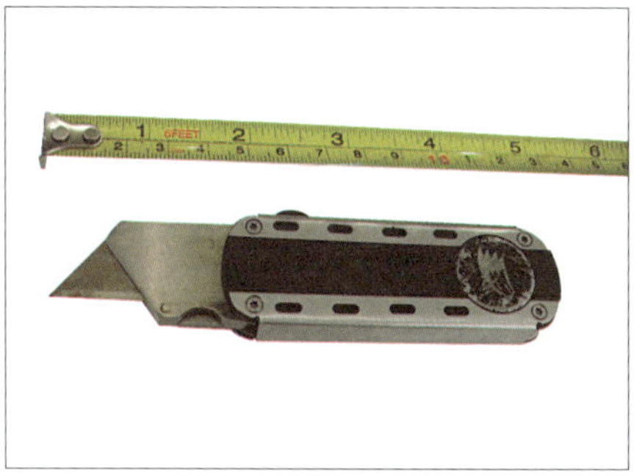

图 1-113　介纸刀

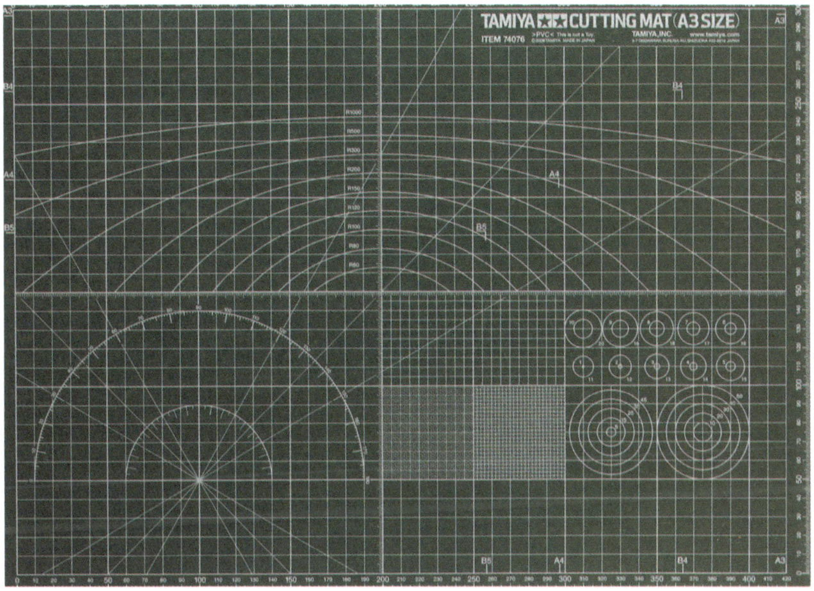

图 1-114　切割垫

图 1-115　老虎钳

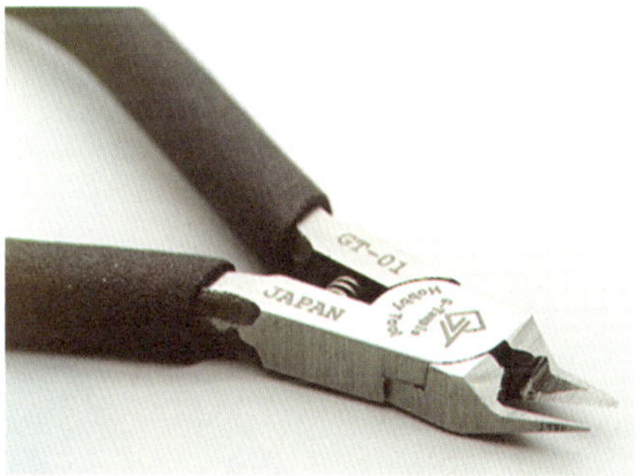

图 1-116　薄刃钳

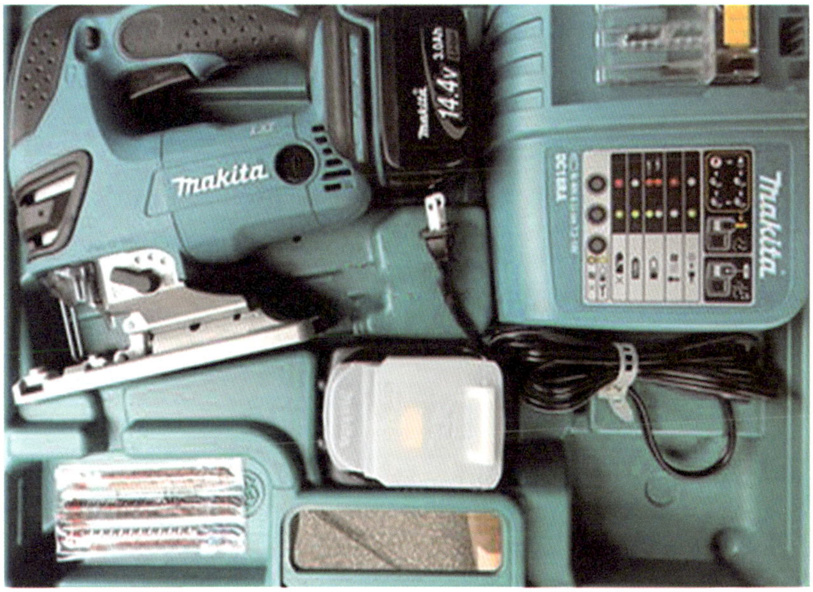

图 1-117　线锯机

图 1-118　弓形锯

4. 钻孔类工具

模型制作中，用于钻孔的工具相对较少，主要是台钻和手钻。（图1–119、图1–120）

5. 打磨抛光类工具

手动打磨类工具包括各种什锦锉、指甲锉、扁锉、方锉、圆锉、半圆锉及30~500目的砂纸。打磨类工具主要是对塑料、木材、金属等材料表层进行磨平，同时剔除切口的毛刺。（图1–121至图1–123）

抛光类工具主要用于模型后期细部喷涂后的打磨与抛光，主要包括各类抛光膏、抛光膏绿油、

图 1–119　手钻

图 1–120　台钻

图 1–121　锉刀

图 1–122　指甲锉

图 1–123　砂纸

指甲抛光条等。

6. 其他工具

模型制作除了借助前面所述的主要工具外，还需要一些辅助工具：比如用于拾取各种细小零部件的镊子；用于焊接金属与模型电路的电焊笔；用于为模型曲面及曲线塑模加热的酒精灯、电烤箱、电吹风等；用于固定金属零件的各种螺丝刀；以及用于收纳整理各类细小零件的整理盒等。

7. 电脑数控雕刻机

伴随着科技日新月异的发展，电子技术被广泛应用于各个领域，电脑数控雕刻机、3D打印机也相继应用于模型制作领域。电脑数控雕刻机主要是通过电脑控制机械雕刻机或激光雕刻机对材料进行分割、雕刻。电脑数控雕刻机，因其能够对材料进行精准切割、精细雕刻，适用于表现类模型的制作。（图1–124、图1–125）

图 1–124　机械雕刻机

图 1–125　激光雕刻机

第二章

建筑模型设计与制作实训

第一节　地形学模型设计与制作

一、案例

1. 企业作品案例：群力新区——恒盛豪庭规划项目

恒盛豪庭项目位于哈尔滨群力第四大道灵江路和群力第五大道景江西路围和处，距二环康安桥仅1公里左右，北临群力大道、东临景观西路，安阳路从社区内穿过，交通便捷，是集高层住宅、商业、高档写字楼、星级酒店、生态公园于一体的复合型社区。周围有多处绿色生态资源，如北面和南面都是松花江内河景观，东面是景江西路的大型艺术长廊、景观绿化带、春水公园等，西面是群力的体育主题公园和湿地公园，被称为哈尔滨江南市区内“最大的绿色生态景观城”，东侧紧临哈尔滨最大的下沉式音乐广场及艺术博物馆，同时，群力的重点中小学和康体中心均在此项目周边。

下图是恒盛豪庭项目规划报批沙盘，其中待建项目用水晶模型突出展示，而其他规划项目则暂且忽略，仅以区域划分的方式表现。（图2–1、图2–2）恒盛豪庭房产销售规划沙盘包含所有建筑及周边附属设施等内容，并都做精细表现。整个沙盘制作严谨，由简至繁，详细展现了恒盛豪庭项目从诞生至建完全部过程。（图2–3至图2–8）

图 2–1　恒盛豪庭项目规划报批沙盘全景 / 哈尔滨建境模型设计制作有限公司 /2014 年

图 2–2　恒盛豪庭项目规划报批沙盘局部 / 哈尔滨建境模型设计制作有限公司 /2014 年

图 2–3　恒盛豪庭房产销售规划模型 / 哈尔滨建境模型设计制作有限公司 /2015 年

图 2–4　恒盛豪庭房产销售规划模型局部 / 哈尔滨建境模型设计制作有限公司 /2015 年

图 2–5 恒盛豪庭周边附属设施及建筑模型 / 哈尔滨建境模型设计制作有限公司 /2015 年

图 2–6 恒盛豪庭金河公园下沉式广场模型视角 1/ 哈尔滨建境模型设计制作有限公司 /2015 年

图 2–7 恒盛豪庭金河公园下沉式广场模型视角 2/ 哈尔滨建境模型设计制作有限公司 /2015 年

图 2–8 恒盛豪庭艺术博物馆模型 / 哈尔滨建境模型设计制作有限公司 /2015 年

2. 学生作品案例：滨江市文化产业园区域规划设计

滨江市文化产业园区域规划设计，是课堂教学中的一个虚拟项目，教学中坚持以问题为导向，以系统设计为原则，给出学生设计任务、相应尺寸及建筑要求,学生需根据所提要求进行设计。首先，找出项目中各区域间相互联系、相互依存的关系。并运用普遍联系的、全面系统的、发展变化的观点进行整体设计，进而把握模型制作的发展规律。从最终呈现的作品来看，整个沙盘建筑规划合理，区域内空间布局高低错落有致，设计者通过一个圆形湖，将区域内各功能建筑连接在一起，既满足了整体项目的建筑布局要求，又强化了整个园区内的文化艺术氛围。整个沙盘采用单一素色材质的概念手法制作，主体建筑采用白色ABS板，区域内整体景观环境采用密度板雕刻，园区内湖水部分则利用木色画板，做以概念表现。因模型制作过程中涉及许多规划上的小细节，所以采用雕刻机切割材料，整体造型以直线为主，曲线规划布局为辅，圆中有方，方中有圆，设计者借用简练的形式语言诉说着丰富的规划故事。（图2–9至图2–12）

二、相关知识点

1. 地形模型的设计与制作要点

地形模型的首要任务就是真实、合理地表现一个具体的地形，它可以是自然景观环境，也可以是人造景观环境，还可以是对城市空间环境的表现。表现过程中需要对环境中的道路、山川、河流、平原、森林、建筑、景观等各种元素进行表现，通常采取大比例概念的表现手法。这里仅注重大关系表述清晰准确即可，因为表现比例大，故而对细节处不做详细具体要求。

2. 地形模型的设计与制作程序

地形模型分为概念模型与表现模型，无论哪种形式，其

图 2-9　滨江市文化产业园区域规划设计模型视角 1/ 高云飞、张惠博 / 哈尔滨师范大学 /2015 年

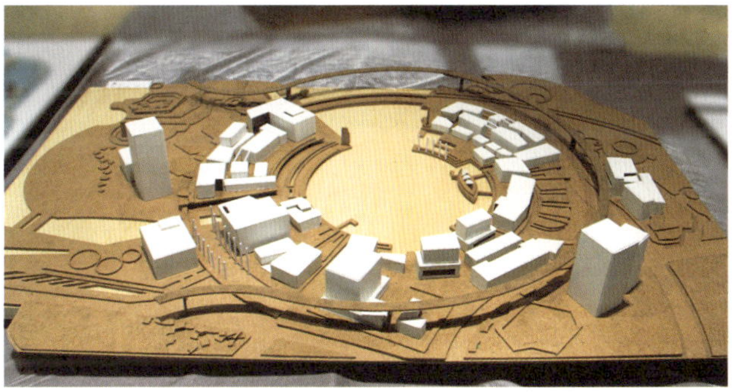

图 2-10　滨江市文化产业园区域规划设计模型视角 2/ 高云飞、张惠博 / 哈尔滨师范大学 /2015 年

图 2-11　滨江市文化产业园区域规划设计模型视角 3/ 高云飞、张惠博 / 哈尔滨师范大学 /2015 年

制作程序不变：依据实际地形及所要表现的模型内容，按比例绘制图纸、制作水平面下自然景观（包含水体）、制作水平面上自然景观（包括建筑），完成模型。

3. 地形模型的设计制作方法

模型制作过程中应始终坚持自信自立，在尊重中华传统文化的基础上坚持文化自信。每一种事物的内容展现均需借助于自己的语言文化，建筑模型也不例外，地形模型的型语言文化是指用模型语言表述地面、山体、水体、树木、绿地、花草、道路、建筑等地形模型中不可或缺的自然及人造景观元素，借助模型语言的文化魅力，充分展现地形模型中需表述的具体内容。

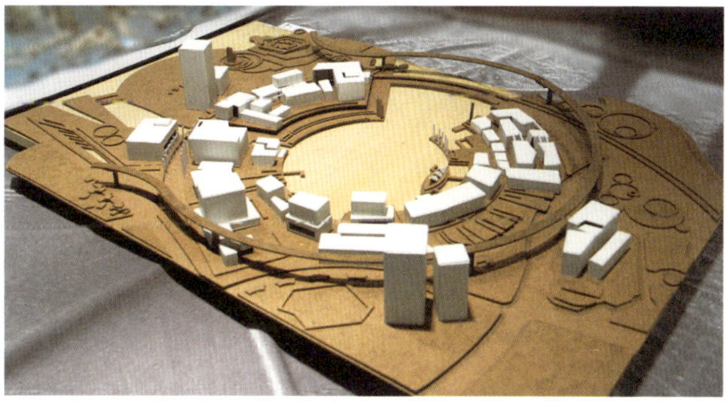

图 2-12　滨江市文化产业园区域规划设计模型视角 4/ 高云飞、张惠博 / 哈尔滨师范大学 /2015 年

图 2-13　设计类模型——运用等高线表现山体地形 / 佚名 / 2016 年

图 2-14　表现类模型——道路地形地势表现 / 北京尼克艺术设计有限公司 /2016 年

图 2-15　山西太原地形沙盘 / 华艺境模型制作有限公司 / 贵州 /2016 年

三、技能训练

任务一　地形模型

1. 地形模型设计制作的特点

地形模型主要表现地形的情况，即基地的形势和因新的规划而形成的地形、地势的改变，在地形模型中需描绘出建筑、交通、绿化、水面及断层面。此外，还有对城市空间内容的描绘，比如游乐场、公园、广场等。地形模型描述了交通、绿化以及地表面的细节，例如地面的衬垫、街道的铺砌、篱笆围墙的设置等。还有按比例制作的元素，比如城市的建筑、景观、车辆、人物、公共设施等。这些模型依照一定比例，从整体到局部，大约是按1：500~1：2500制作而成。在整个制作过程中，概念模型是不可缺少的，因此地形模型总是被制成可以变更的设计模型。（图2-13、图2-14）

2. 地形模型制作的基本要求

地形模型制作包含三个阶段，即概念模型、工作模型与表现模型，不同阶段所表达的内容也不尽相同。

（1）概念模型

它是各类模型制作过程中的草图阶段，在这里相当于地形模型草图阶段，只要呈现出工作模型的阶段即可。在这个阶段最重要的是让沙盘的形式可以随着设计想法的改变而变更。在概念阶段，地形模型可以是平面的或倾斜面的形式，而在实际操作中，只做基地平台或建筑基地的模型并不常见。

（2）工作模型

它的表达目的就是两种说明：一种是对基地现况的说明；另一种是对未来规划方向可行性的说明，比如对地形中道路交通、山体树木、绿化绿丛和水平面的描绘。这类模型可以继续被深入加工成表现模型，但前

图 2–16 牡丹江地形沙盘 / 哈尔滨建境模型设计制作有限公司 /2016 年

图 2–17 沙盘底座模型 / 哈尔滨建境模型设计制作有限公司 /2015 年

图 2–18 建筑模型展示 / 哈尔滨建境模型设计制作有限公司 /2015 年

图 2–19 模型底盘背面——横纵龙骨穿插支撑，打孔穿线 / 哈尔滨建境模型设计制作有限公司 /2016 年

提是，它必须是一个工作模型意义上的地形模型。

（3）表现模型

表现模型是对地形地表、道路指示、交通、绿化和水平面的最终表述，包含了对现存的和计划中的所有地表元素的按比例表现。表现模型的制作应符合对模型最终使用的要求及表现程度的要求。在表现手法上应体现创新思想，只有创新才能把握时代、引领时代，紧跟时代步伐，顺应时代发展，进而不断拓展对表现模型认识的广度和提高表现能力的深度。（图2–15）

3. 地形模型环境要素的制作方法

（1）模型底盘制作

模型底盘主要用于放置建筑模型主体及环境配景，其中环境配景包括道路、绿化、水景、山体、公共设施、车辆及人物等。它由底盘、边框和支撑三部分组成，常见的底盘形状有矩形、正方形、多边形、圆形等，至于采用何种形式，要根据所制沙盘的具体表现内容而定。（图2–17、图2–18）

模型底盘制作的材料有很多种，可以根据实际情况进行选择。在模型工作室，中常用的底盘基础材料通常为1.5mm或1.8mm厚的细木工在，而在实际教学中，$1m^2$内的小面积沙盘可采用密度板、高密度泡沫板、KT板、亚克力板等。如果制作的沙盘需要安装亮化设施，则所有预埋的线路需要全部安装在底盘的背面，也因此，底盘背部就需要有横纵龙骨做支撑，并在其中打孔穿线，以布置灯光电线。（图2–19）

（2）山体地形制作

山体地形在地形模型环境中起着统筹全局的作用，是整个地形整体性的重要表现。对于山体高低起伏变化、斜坡及护墙地形的高低、道路湖泊的分布都要进行如实客观的表现。工作中山体地形的表现通常采用以下几种方法：

图 2-20 制作等高线（主材：三夹板）/ 哈尔滨建境模设计制作有限公司型 /2015 年

图 2-21 等高线制作 ——主材 KT 板 / 陈建鹏、孔丹 / 哈尔滨师范大学 /2016 年

图 2-22 等高线制作——主材雪弗板 / 高欣、王蕊 / 哈尔滨师范大学 /2016 年

①等高线做法 等高线做法常用于设计类模型，以表现地势高差较大、地形层次分明的地形环境。制作中会根据等高线的曲线形状及分布密度进行切割、粘贴。教学中常用制作材料为ABS板、KT板、雪弗板、纸板，公司中常用材料为三夹板、薄密度板等。胶粘剂为白乳胶、快事达、三氯甲烷等。（图2-20至图2-22）

②高密度塑料泡沫 泡沫具有易切割的特点，制作中经常使用。先按照实际等高线对山体高度进行切割，再使用白乳胶将其粘贴在沙盘底板上，若一块泡沫板高度不够，可将几块板重叠粘贴，再用砂纸进行打磨修补，并在其表面涂刷白乳胶，根据需要铺撒各色草粉，最后种植各种植物。（图2-23）

③胶凝材料 胶凝材料通常用于表现带有山坡、丘陵等地形的环境。制作中先将地形等高线描绘至底盘之上，然后按等高线的密集程度，利用支撑物，先将地势高低点依次确定，根据所定点的高低，用石膏、水泥等胶凝材料浇筑至底盘之上，再用壁纸刀、砂纸等工具将其打磨至所需高度，最后在其表面涂刷颜料或者粘贴草粉。（图2-24、图2-25）

图 2-23　高密度泡沫制作山体 / 哈尔滨建境模型设计制作有限公司 /2016 年

图 2-24　山体制作——泡沫做山体基础，表面覆水泥，丙烯调色绘制 / 李志生 / 哈尔滨师范大学 /2014 年

图 2-25　山体制作——石膏粉做山体基础，表面铺撒草粉 / 哈尔滨建境模型设计制作有限公司 /2016 年

图 2–26　水面制作——石膏粉基础，丙烯颜料调色绘制 / 刘宇 / 哈尔滨师范大学 /2015 年

图 2–27　水面制作——水景塑泥膏基础，丙烯颜料调色绘制 / 石娜 / 哈尔滨师范大学 /2015 年

（3）水体水面制作

水体水面是地形模型中一项重要表现内容，它包含内容有很多，小到游泳池、景观喷泉，大到江、河、湖、海。水环境的生动表现可以增强地形模型的表现力，使得整个地形模型更加形象生动。水环境的制作包括两部分内容：一个是水岸，一个是水面。水岸的表现手法相对简单，可以通过挖空底盘来表现水岸与水面之间的高差关系，也可将水面抬高来表现水岸。而水面的表达手法则相对多样，大概有以下几种。

①**直接喷画**　将丙烯颜料、自喷漆或硝基漆调制成所需的水面颜色，用笔或喷笔直接喷或图画于做好的水岸环境内，可在上面放置白石子等装饰物，以增强水面的立体感。（图2–26至图2–28）

②**打印粘贴**　将带有水纹图案不粘胶纸，按照水岸形状剪裁后直接粘贴在底盘，或者裁剪蓝色的卡纸以代替水面。为表现水面反光效果，可在水面粘贴后粘贴透明有机玻璃板、玻璃板或水纹纸。（图2–29至图2–32）

③**真水循环**　将水循环系统置于沙盘底下，并在池内做好防水处理，以保证水流正常循环。（图2–33、图2–34）

图 2–28　水面制作——硝基漆喷涂表现 / 哈尔滨建境模型设计制作有限公司 /2016 年

图 2–29　水面制作——玻璃板下粘贴蓝色卡纸 / 郭琦、刘伟 / 哈尔滨师范大学 /2014 年

图 2-30 水面制作——玻璃板下粘贴水纹纸 / 高翔 / 哈尔滨师范大学 /2014 年

图 2-31 水面制作——玻璃板下粘贴水纹纸 / 哈尔滨建境模型设计制作有限公司 /2015 年

图 2-32 水面制作——水纹纸下粘贴蓝色卡纸 / 刘新宇、高慧博 / 哈尔滨师范大学 /2015 年

图 2-33 水面制作——“碧桂园”水环境表现视角 1/ 哈尔滨建境模型设计制作有限公司 /2015 年

图 2-34 水面制作——“碧桂园”水环境表现视角 2/ 哈尔滨建境模型设计制作有限公司 /2015 年

任务二　规划模型

1. 规划模型设计制作的特点

一般而言，规划模型项目的制作方通常为政府部门，其目的在于展示城市发展的变化以及未来宏伟蓝图等。规划模型主要用来表达城市或区域建筑概况和建筑位置。在表现城市建筑概况时，通常采用1：1000~1：2500的比例；在表现区域建筑概况时，通常采用1：500~1：1000的比例。因其涉及种类众多，如建筑、商业、景观等业态，所以，规划模型的制作往往是其他种类模型制作的汇总。不同的是，规划模型不需要细致地刻画每一个细节，仅以概念方式表达即可，简洁而美观的制作才是表现中的常态。（图2-35、图2-36）

2. 规划模型中建筑的制作与表达

规划模型以概念表现为主，下面就以课堂教学项目——绿景小区规划为例，简单介绍。绿景小区新建主体建筑为2个单元，每一单元包含4栋建筑，每栋建筑以实木块材料为主；待建建筑11个单元，

图 2-35　规划模型——“花园套餐”/ 白思瑶、吴桐 / 哈尔滨工业大学 /2017 年

图 2-36　华鸿·金色纽约规划模型 / 佚名 /2017 年

▷使用台锯裁切小木块儿

▷裁切打磨好的木块儿

图 2–37 使用台锯裁切木料并打磨 / 赵世聪 / 哈尔滨华德学院 /2017 年

▷使用台锯给小木块儿钻眼

▷小木块儿钻孔、打眼完毕

图 2–38 木料打眼并打磨 / 赵世聪 / 哈尔滨华德学院 /2017 年

▷不锈钢小棒支撑裁切完毕

图 2–39 切割完成的不锈钢圆柱条 / 胡佳杨 / 哈尔滨华德学院 /2017 年

以ABS板为主材，主体建筑共24层，每块木块代表3层。步骤详见下文：

新建筑主体以纸接板为主材，为求切割精准，根据设计尺寸，首先使用台锯对主材进行切割；之后，使用台钻对木块材料钻眼并用砂纸打磨，使其表面光滑；再切割不锈钢圆柱条，用做主体建筑物的支撑；然后使用手钻对小孔微调，并将打磨好的木块穿插在一起，同时将主体建筑穿插、制作。待建建筑主材为ABS板，板厚0.5mm，用壁纸刀手工裁切即可；最后建筑制作粘贴完毕，在底盘上进行调试安装。绿景小区规划模型完成（图2–37至图2–44）。

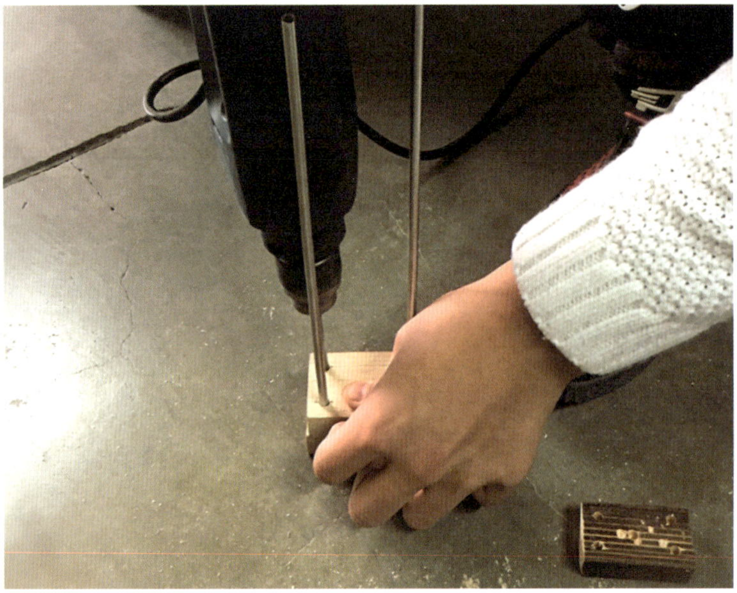

▷使用手钻对小木块儿孔眼进行微调

▷用不锈钢小棒串联小木块儿

图 2–40　微调孔眼，穿插木块 / 胡佳杨 / 哈尔滨华德学院 /2017 年

▷部分主体建筑穿插

▷制作完成的8栋主体建筑

图 2–41　主体建筑穿插、制作 / 赵世聪、胡佳杨 / 哈尔滨华德学院 /2017 年

▷待建建筑主材ABS板，裁切完毕

▷待建建筑主材ABS板，裁切完毕

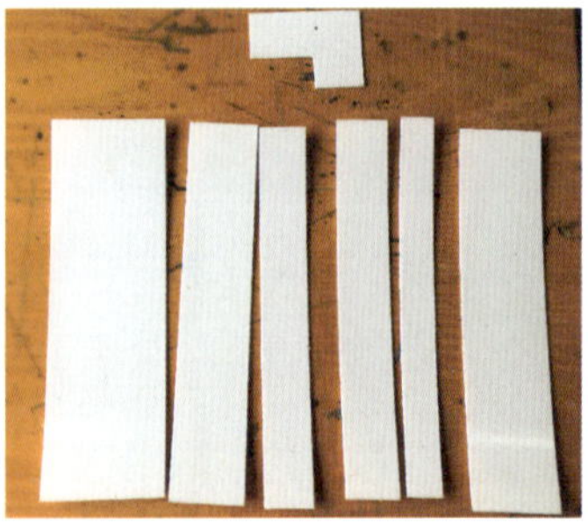

▷待建建筑主材ABS板，裁切完毕

▷待建建筑主材ABS板，裁切完毕

图 2–42　待建建筑 ABS 板裁切 / 赵世聪、胡佳杨 / 哈尔滨华德学院 /2017 年

▷调整做好的建筑主体在平面上的布局形式

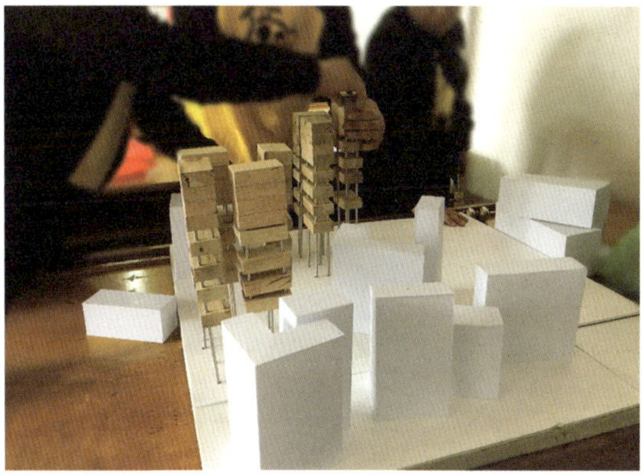

▷做好建筑物，调试安装

图 2-43　将建筑置于底盘进行安装调试 / 赵世聪、胡佳杨 / 哈尔滨华德学院 /2017 年

▷制作完成的小区规划概念模型

▷安装完成的小区规划概念模型

图 2-44　绿景小区规划模型完成图 / 赵世聪、胡佳杨 / 哈尔滨华德学院 /2017 年

任务三　景观模型

1. 景观模型制作的特点

从地形模型衍生出来的景观模型常用制作比例有1∶500、1∶1000、1∶2500。这类模型主要表现交通、绿化、水体、树木、树丛等内容，而建筑主体和建筑主体群则以简单的形式展现。景观模型的重点是阐明景观空间和与此相关的地表模型，还有对其特点的表述，例如树木、绿篱、断层面和景观里特定的建筑物。景观模型中的建筑是可以与环境融为一体的建筑。

大连某小区冬季景观沙盘，盘中主体建筑采用透明亚克力材质，在蓝色灯光的照应下犹如水晶般晶莹剔透，沙盘选用冬季雪景，主体颜色只有冬季里的白和湖面上冰的蓝色，整个色调简洁、素净，错综复杂、制作精细的地形地势，配以简练精准的建筑，使得环境与建筑浑然天成。（图2-45、图2-46）

2. 景观模型制作的步骤

景观模型底盘的制作与地形学模型底盘的制作方法大体相同，分为以下几个步骤：图纸认知、绘制雕刻文件、选择合适材料进行雕刻喷漆与粘贴。在此不做过多阐述。（图2-47至图2-49）

3. 景观模型配景的制作

（1）草皮、草地的制作

草皮又称草坪或青苔，其制作手法简单，在景观模型中经常出现，是塑造景观环境的常用手法之一。常见

图 2–45 大连某小区冬季景观沙盘视角 1/ 哈尔滨建境模型 / 2015 年

图 2–46 大连某小区冬季景观沙盘视角 2/ 哈尔滨建境模型 / 2015 年

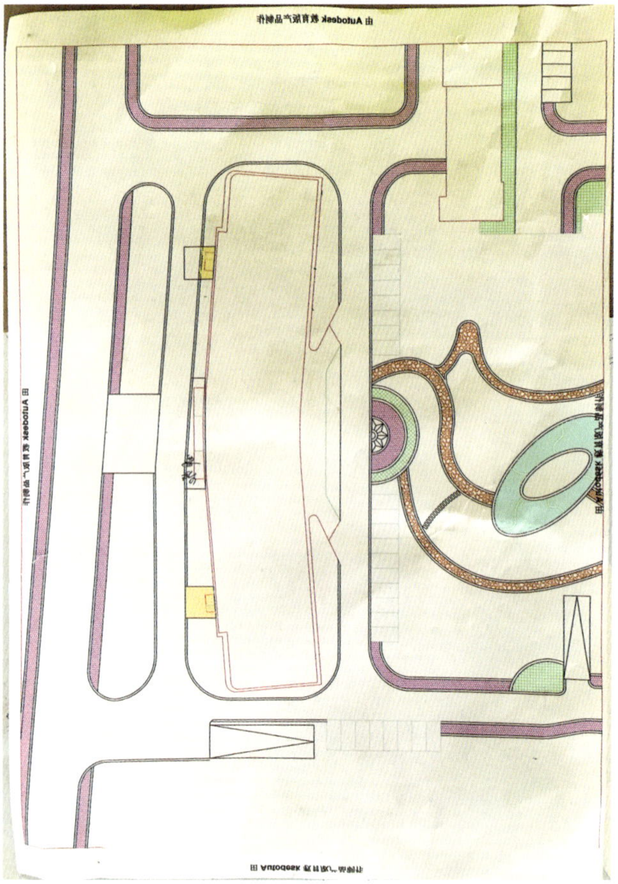

图 2–47 小区规划图纸 / 李泽熙 / 哈尔滨师范大学 /2017 年

图 2–48 小区底盘道路模型制作完成 / 李泽熙 / 哈尔滨师范大学 /2017 年

图 2–49 小区景观模型制作完成 / 李泽熙 / 哈尔滨师范大学 / 2017 年

制作方式有：

①**植绒草皮纸** 顾名思义，就是一面是黄色牛皮纸，一面是带颜色的绒纸。（图2–50）它通常被应用到没有起伏的平地中，用它制作的草坪规矩平整，装饰性及表现力极强。具体制作时，通常是根据所需草皮形状及大小，先用剪刀剪下合适形状及尺寸，然后在牛皮纸背面涂抹白乳胶或万事达胶，将其直接粘贴到所

需位置即可。（图2-51、图2-52）

②**草粉、草地** 草粉是用有机材料，经搅拌、粉碎、上色等工序制作而成的一种细小颗粒状或粉末状材料，它比草皮纸更具立体感，常用于表现草地、园林绿化带等部位。制作中，先将需铺草粉（草地）的地方涂抹白乳胶，再铺撒草粉，待其晾干即可。（图2-53至图2-56）

（2）树木的制作

树木是建筑模型中必不可少的配景之一，不同树种的合理搭配既可以丰富模型中的景观环境，同时又能准确反映建筑与周围环境的比例关系（图2-57、图2-58）。树木种类繁多、形态各异，组合穿插搭配手法不一，适宜成组成群安插种植，其表现手法也有很多种，举例说来：

①**成品采购** 最简单的方式莫过于在模型商店按比例直接购买成品或半成品。此类树木多为塑料制品，分为有枝有叶和只带枝干不带树叶两种（图2-59、图2-60）。还可直接购买成品塑料树，在模型中直接应用。（图2-61）

图 2-50　植绒草皮纸

图 2-51　植绒草皮纸在环境中的应用 1/ 徐芳 / 哈尔滨师范大学 /2014 年

图 2-52　植绒草皮纸在环境中的应用 2/ 哈尔滨建境模型设计制作公司 /2016 年

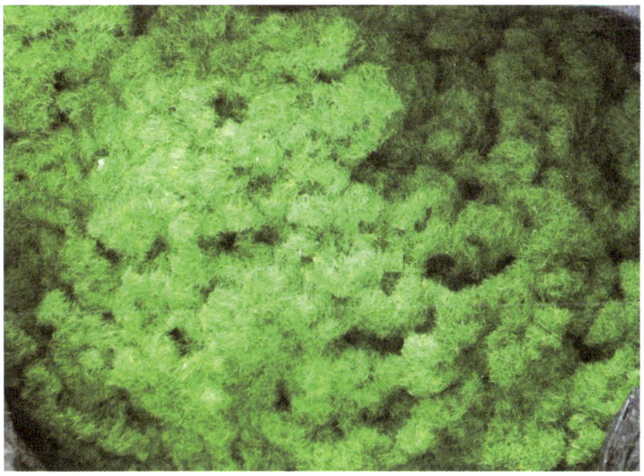

图 2-53　草粉

图 2-54　草粉在模型中的应用 / 王振国 / 哈尔滨师范大学 /2015 年

图 2-55　草地

图 2-56　草地在模型中的应用 / 佚名 /2016 年

图 2-57　绿景天地小区景观绿化制作视角 1/ 哈尔滨建境模型设计制作有限公司 /2016 年

图 2-58　绿景天地小区景观绿化制作视角 2/ 哈尔滨建境模型设计制作有限公司 /2016 年

图 2-59 成品树种 / 哈尔滨建境模型设计制作有限公司 / 2016 年

图 2-60 成品塑料树在模型中的应用 / 哈尔滨建境模型设计制作有限公司 /2016 年

图 2-61 成品塑料树在模型中的应用 / 哈尔滨建境模型设计制作有限公司 /2016 年

②铁丝树干 这种树干是自己手工制作，取多股细钢丝或细铁丝，用尖嘴钳从底部缠绕拧紧，以做主干，待到一定高度再将其分叉做成枝干，后再分支做成树枝。树干做好后在快事达或万能胶中粘一下，再在树粉中粘一下，将没粘到胶的树粉抖落，树木就做好了。（图2-62、图2-63、图2-64）

③塑料纤维 教学中，树木制作还可以用塑料泡沫修剪成型做基础，之后在其表面涂抹白乳胶，蘸上树粉即可。（图2-65）

图 2-62 铁丝树干制作过程 / 哈尔滨建境模型设计制作有限公司 /2017 年

图 2-63 树木粘贴树粉过程 / 哈尔滨建境模型设计制作有限公司 /2017 年

图 2-64　铁丝树在景观模型中的应用 / 哈尔滨建境模型设计制作有限公司 /2017 年

图 2-65　景观树球在模型中的应用 / 哈尔滨建境模型设计制作有限公司 /2015 年

图 2-66　松树塔做树木在概念模型中的应用 / 任卫荣 / 哈尔滨师范大学 /2017 年

图 2-67　绿篱在模型中的应用 / 哈尔滨建境模型设计制作有限公司 /2017 年

④**其他方法**　除以上方法，还可以利用日常生活中的一些常见物品做树木，例如将松树的松果、小树枝、干枯的落叶花、塑料珠子、木球、豌豆、木钉、圆柱、冰岛地衣等放置在牙签上进行表现。（图2-66）

（3）绿篱、花镜的制作

①**绿篱**　景观模型制作中，绿篱常与树木搭配使用，制作起来简单有效。通常将厚0.5~1cm的海绵通体喷涂所需颜色，然后再根据长短或宽窄的需求自行裁切，再用白乳胶或棒胶粘到所需的位置即可。（图2-67）

②**花镜**　花镜原本是园林设计中的一种装饰手法，后被引入到景观设计中。景观模型制作中，花镜可以按设计师设计意图进行制作，也可以由制作者凭借自身制作经验，自行调整形状样式或面积大小。花镜有两种制作方式：一种是用海绵裁剪制作；另一种则是在成品花坛中，铺撒花粉进行制作。（图2-68、图2-69）

（4）道路地面制作

①**直接喷涂法**　地形模型中对于道路地面的表现，可以直接喷涂颜色，也可以将道路地面的拼花图案、地砖纹理先雕刻在模型底盘之上，再进行喷涂。如遇地面有多种颜色，可分别进行遮挡并喷涂。（图2-70至图2-72）

②**直接粘贴法**　教学中还可以根据地面铺装情况，选取合适的不干胶纸、壁纸或成品道路地面材质行粘贴，如粘贴灰色不干胶纸以表示公路，粘贴地板不干胶纸以表示室外地板等。（图2-73、图2-74）

图 2-68　花镜制作 / 陈松 / 哈尔滨师范大学 /2017 年

图 2-69　绿化景观在模型中的应用 / 哈尔滨建境模型设计制作有限公司 /2017 年

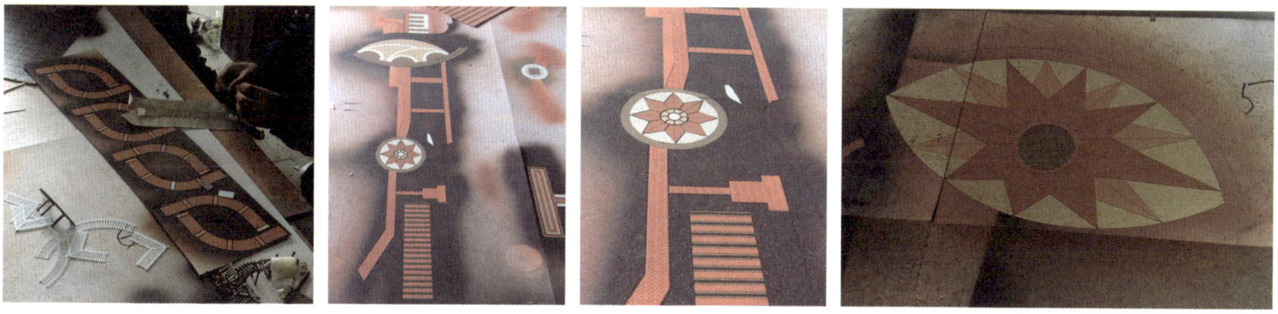

图 2-70　地面拼花遮挡喷涂 / 哈尔滨建境模型设计制作有限公司 /2015 年

图 2-71　哈尔滨太平国际机场模型道路地面喷涂效果 / 哈尔滨城市规划展览馆 /2017 年

图 2-72　广场地面喷涂效果——林海华庭建筑模型 / 哈尔滨建境模型设计制作有限公司 /2017 年

图 2-73　室外地板铺贴不干胶纸 / 张宗堂、张旭 / 哈尔滨师范大学 /2015 年

图 2-74　成品道路铺贴效果——乐活养老社区模型 / 哈尔滨建境模型设计制作有限公司 /2017 年

（5）景观环境模型的制作

景观模型制作中，景观环境通常会以精细表现为主，下面就以工作室项目——金雨伞道路景观绿化做简单介绍。此次项目中没有建筑的制作，主要表现道路两旁的景观绿化，主材料选用ABS板，塑料景观材料的胶粘剂选用三氯甲烷。

制作底盘时，首先利用雕刻机将道路地面的铺装纹理雕刻出来，用三氯甲烷将底盘粘贴好。再用壁纸刀打磨底盘边缘使其光滑，并在底盘背面粘贴龙骨以加强底盘支撑力。然后用气泵吹光底盘表面的浮尘；并给底盘道路进行喷漆，颜色由浅至深。用美纹纸进行道路纹理遮挡，先喷浅颜色，再喷深颜色。制作道路绿篱栅栏时，可将其粘贴在美纹纸上再喷涂红色漆。在绿化带区域涂抹白乳胶，粘贴绿篱、铺撒草粉。根据需要剪裁海绵、制作花镜，并用棒胶粘贴花镜、栅栏。最后选择成品路灯及绿化，拼装模型、制作完成。（图2-75至图2-87）

任务四　模型材料的选取

建筑模型中的附属配件，如交通工具、人物、公共设施等都能改变模型的风格，一方面他们能强化模型的仿真效果，另一方面又可以强调建筑主体所表现的概念与造型材料所形成的对比。所以模型制作过程中，选择适用又不破坏原始构思的附属配景材料至关重要。我们通常会把这些附属材料分为几大类：

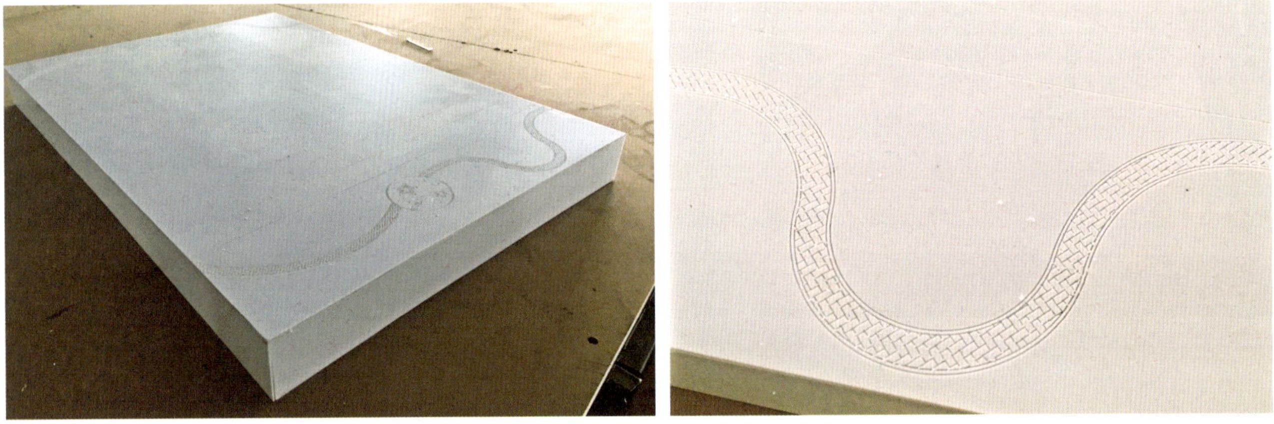

图 2-75　底盘制作 / 六间工坊设计工作室 / 吴宇涛 /2017 年

图 2-76　打磨边缘 / 六间工坊设计工作室 / 吴宇涛 /2017 年

图 2–77 吹净浮尘 / 六间工坊设计工作室 / 吴宇涛 / 2017 年

图 2–78 喷漆 / 六间工坊设计工作室 / 吴宇涛 /2017 年

图 2–79 道路纹理遮挡 / 六间工坊设计工作室 / 吴宇涛 /2017 年

图 2–80 道路喷涂完毕 / 六间工坊设计工作室 / 吴宇涛 /2017 年

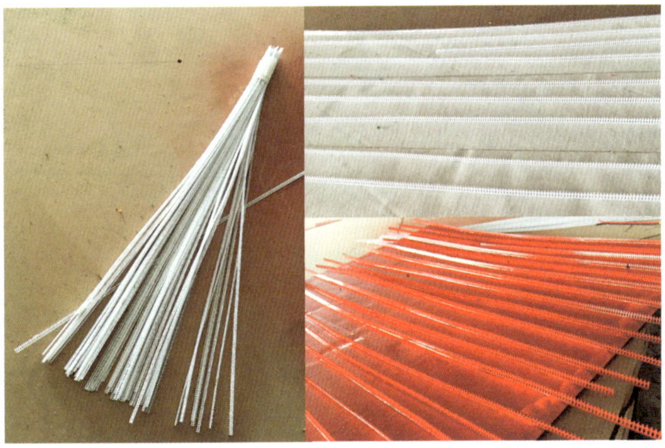

图 2-81　喷涂栅栏 / 六间工坊设计工作室 / 吴宇涛 /2017 年

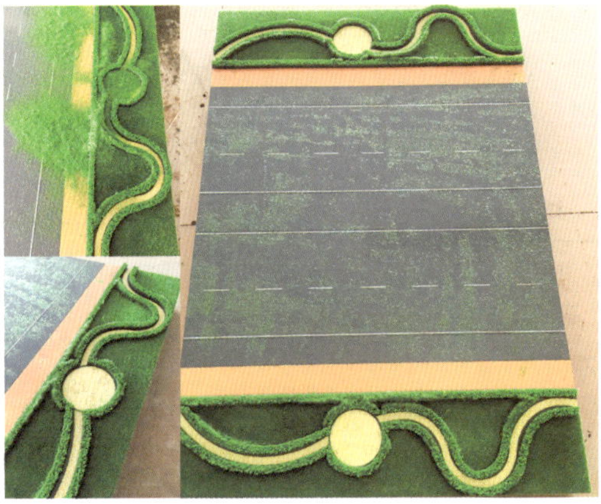

图 2-82　制作绿篱、铺撒草粉 / 六间工坊设计工作室 / 吴宇涛 /2017 年

图 2-83　制作花镜 / 六间工坊设计工作室 / 吴宇涛 /2017 年

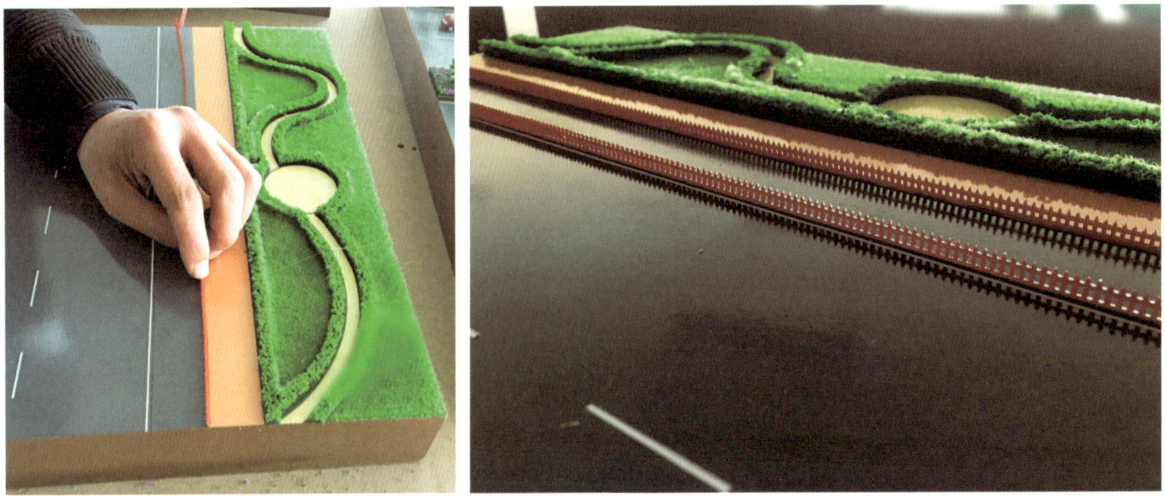

图 2-84　粘贴栅栏 / 六间工坊设计工作室 / 吴宇涛 /2017 年

图 2-85　制作花镜 / 六间工坊设计工作室 / 吴宇涛 /2017 年

图 2-86　成品路灯及绿化 / 六间工坊设计工作室 / 吴宇涛 /2017 年

图 2-87　金雨伞道路景观规划完成模型 / 六间工坊设计工作室 / 吴宇涛 /2017 年

1. 建筑附属物

与建筑主体模型有直接关系的或表示模型细节的材料，垂直方向的附属物：斜坡、楼梯、栏杆及扶手等；横向的附属物：支柱、横梁、栏杆等，以及通过横木处理的窗户、横木及窗框的配置等。（图2-88）

2. 人物及动物

这是模型中烘托渲染气氛及突出主题必不可少的附属物，可以在商店购买不同比例、不同动态的人物及动物，也可以自制。如用薄木片做基础，剪贴合适人形粘贴做剪影效果；用硬泡沫按比例切成人形；或者用陶土、粘土铁丝来制作等。（图2-89、图2-90）

3. 交通工具

通常交通工具都是在商店按比例购买。（图2-91、图2-92）

4. 室外公共设施

此类模型指户外家具、电话亭、公共车站牌、街道照明、游乐设施等，可以自行制作也可以在商店中购买成品。（图2-93、图2-94）

图 2-88 模型中垂直方向附属物的应用 / 哈尔滨建境模型设计制作有限公司 /2017 年

图 2-89　成品人物及动物模型 /2016 年

图 2-90　借助人物营造环境——桃山博物馆展览模型 / 杨丽娜、任瑞鲲 / 哈尔滨师范大学 /2017 年

图 2-91 成品交通工具模型 /2017 年

图 2-92 成品交通工具渲染气氛 / 哈尔滨建境模型设计制作有限公司 /2016 年

图 2-93 户外家具渲染气氛 / 哈尔滨建境模型设计制作有限公司 /2017 年

图 2-94　户外公共设施在模型中的应用 1/ 华鸿 · 世界之城 / 2017 年

图 2-95　户外公共设施在模型中的应用 2/ 华鸿 · 世界之城 / 2017 年

第二节　建筑主体模型设计与制作

一、案例

1. 企业作品案例：哈尔滨凯宾斯基酒店

分布在世界著名城市和旅游胜地的凯宾斯基酒店，始创于100多年前的德国，旗下的建筑风格多样，有古典庄严的，也有先进现代的。哈尔滨的凯宾斯基酒店属于现代建筑风格，建筑面积约60000平方米，位于松花江北畔，靠近金河湾湿地、太阳岛公园、东北虎林园等风光旖旎的自然景区，又地处松北新区的核心地段，与市政府比邻而居，成为商务性地标建筑。（图2-96）

我们始终坚持以推动高质量发展为主题。建筑设计如此，模型设计制作也是如此。哈尔滨凯宾斯基酒店建筑模型，为综合材料表现类模型。模型形象逼真，建筑与周围环境比例恰当，色彩和谐，表现手法细腻，如实还原其外观，站在沙盘

图 2-96　哈尔滨凯宾斯基酒店实景 /2015 年

图 2-97　哈尔滨凯宾斯基酒店建筑模型 / 哈尔滨建境模型设计制作有限公司 /2017 年

外俯视全景，建筑外观及其周围环境一览无余尽收眼底，让人有身临其境之感。（图2-97）

2. 工业作品案例：大庆油田

大庆油田是继新中国第一座大油田“克拉玛依油田”被发现后，于1959年9月发现的又一个大油田，而后发展成为中国最大的油田，也是世界级特大砂岩油田。

大庆油田模型为展览模型，采取适宜比例将千亩油田浓缩于方寸沙盘内，高仿真模拟的采油流程借助模型下方的运动装置来实现，抽油机可根据实际运行模式仿真抽油运转。整个模型能让参观者对大庆油田的采油过程有较为详细的了解与认知。（图2-98至图2-103）

3. 学生作品案例

（1）密尔沃基美术馆

美国的密尔沃基美术馆由圣地亚哥・卡拉特拉瓦设计，他是世界著名的创新建筑师之一，也是颇受争议的建筑师。他以桥梁结构设计与艺术建筑设计闻名于世，威尼斯、都柏林、曼彻斯特以及巴塞罗那的桥

图 2-98　大庆油田实景照片 /2015 年

图 2-99 大庆油田模型总图 / 哈尔滨科技馆 /2014 年

图 2-100 大庆油田抽油机模型图 / 哈尔滨科技馆 / 2014 年

图 2-101 大庆油田油罐区模型 / 哈尔滨科技馆 /2014 年

图 2-102 大庆油田油罐区输油模型 / 哈尔滨科技馆 /2014 年

图 2-103 大庆油田炼油区模型图 / 哈尔滨科技馆 /2014 年

图 2-104 美国密尔沃基美术馆实景 /2015 年

梁，巴伦西亚科学城、坦纳利佛音乐厅、里昂、里斯本、苏黎世的火车站以及著名的2004年雅典奥运会主场馆，都是其设计作品的典范。

卡拉特拉瓦拥有建筑师和工程师双重身份，对结构和建筑美学之间的互动有着独到的见解。他认为美态能够由力学的工程设计表达出来，而在大自然之中，树木虫鸟除了具有形态外观的美，同时也拥有惊人的力学效率。所以，他常以大自然作为其设计灵感的源泉，密尔沃基美术馆就是这一理念下的一大力作。

密尔沃基美术馆位于美国密执安州的密执安湖畔，它有着洁白的外观和别致的造型，犹如大鸟双翼般的巨大屋顶，是卡拉特拉瓦美学的代表，同时也是密尔沃基市的标志性建筑。（图2-104）

为培育创新文化，涵养优良学风，营造创新氛围，课堂教学上，学生对经典建筑用模型的方式模拟再现，对其把握建筑比例、了解建筑结构、体会建筑师对建筑美学的独特感起着重要作用，也为其日后的设计创新打下良好基础。

学生课上对经典建筑临摹的练习，目的在于训练学生对建筑尺度及比例的把握，以及采用单一材质进行建筑表达的能力。整个模型根据网上搜集的相关建筑外观图片，学生自行设定建筑尺寸，并有选择地对建筑局部进行制作，整体模型选用雪弗板及深蓝色软质PVC板材，胶粘剂为U胶。模型以手工切割并制作，建筑主体突出，比例尺寸合理恰当，建筑结构穿插表述清楚。（图2-105、图2-106）

图 2–105　密尔沃基美术馆模型视角 1/ 马福盈 胡明明 / 哈尔滨华德学院 /2015 年

图 2–106　密尔沃基美术馆模型视角 2/ 马福盈 胡明明 / 哈尔滨华德学院 /2015 年

图 2-107　2014 文博馆模型设计视角 1/ 徐凯、盛西卓、鲁子轩 / 哈尔滨师范大学 /2015 年

图 2-108　2014 文博馆模型设计视角 2/ 徐凯、盛西卓、鲁子轩 / 哈尔滨师范大学 /2015 年

（2）2014文博馆模型设计

此方案模型为大三学生课堂习作，整个模型采用ABS塑料板材作为主材料，建筑主体采用概念性设计手法予以表现，整栋建筑以深灰色为主基调；采光用的窗体采用规则但不统一的几何形体作为装饰，包括天窗在内在所有采光处，均搭配中国红作为色彩的调节。整栋建筑造型简洁，色彩典雅大气，展现了文博馆的沉稳与端庄。博物馆前广场设计同样采用了直线构图的分割方式，与整栋建筑从设计理念上浑然一体，构成完整的设计方案。（图2-107至图2-109）

二、相关知识点

1. 各类建筑模型的表达重点

各类建筑模型一般分为两大类，即设计与教学中常用的概念模型，设计公司里常接到委托任务的表现模型。概念模型对建筑细节不做过多要求，只需准确表现出建筑大的比例、体量、结构及建筑与周围环境、人物、道路之间准确的比例关系即可。表现模型则是要求对建筑作出详细表现，除去大的比例、结构、体

图 2-109　2014 文博馆模型设计视角 3/ 徐凯、盛西卓、鲁子轩 / 哈尔滨师范大学 /2015 年

量关系外，还应有建筑细节，包括装饰线脚、门窗口线、建筑材质、建筑色彩等。

2. 建筑模型的制作程序

建筑模型的制作程序也按不同制作种类而采取相应程序。概念模型，根据设计构思、设计草图，一般采取极易加工的材料，可以边制作边修改，也可以按图制作后再反复考量修改，概念模型在制作过程中的可变性是其最大特点。表现模型，则是严格按照设计完成的图纸制作，严谨不易变，必须如实反映建筑要素及其环境关系是其最大特点。

3. 建筑模型的制作方法与技巧

无论是概念模型还是表现模型，都有特定的表现语言和制作方式，建筑制作从何入手，采取怎样的制作顺序，如何进行建筑各立面、平面的表现，将是这后续内容所要阐述的重点。

三、技能训练

任务一　城市建筑模型

1. 城市建筑模型制作前期基础知识

（1）城市建筑模型设计制作的特点

城市建筑模型是在地形模型的基础上进行制作的。它有两种表达含义：一种是用来表达城市或区域内建筑概况、位置的概念模型，在表现城市建筑概况时通常采用1：1000~1：2500的比例，在表现区域内建筑概况时通常采用1：500~1：1000的比例；另一种是详细地表现某个区域内的建筑，包括区域内的广场、道路空间、景观植物等，通常采用1：50~1：100的比例。

（2）城市建筑模型制作的流程

城市建筑模型制作前，应把握一个总体的制作原则：首先详细阅读图纸，明确所要表达区域的范围尺寸，以便确立合理的比例尺寸；其次，明确表达区域内所包含内容，如建筑物的数量、体量及建筑类型，还包括区域中所包含的广场景观、道路桥梁、水体植物、人物车辆、公共设施等内容，以便确立恰当的表达方式。

（3）城市建筑模型制作与表现的基本要求

城市建筑模型因其表现空间尺度相对较大，对于建筑的表达通常采用概念的手法。要求其准确表现建筑空间中的各物体之间比例关系和区域的划分关系。

（4）城市建筑模型图纸的绘制

①绘制建筑图纸　学生根据课堂所给要求，搜集相关设计资料，并绘制设计构思草图，待设计草图定稿后，根据设计图纸绘制建筑图纸。因此次建筑模型的制作将采用雕刻机进行切割，所以建筑图纸使用CAD软件进行绘制。

②绘制雕刻文件　雕刻文件与以往的建筑图纸绘制有所不同。首先，绘制建筑平面，无需绘制平面内详细的布置，只需绘制出平面的外轮廓，并将外轮廓线向内偏移一定距离即可。建筑平面做成镂空形状，是为了立面和屋顶平面粘接完毕后，可将手伸进模型内部进行门窗粘接及对建筑局部进行调整。其次，绘制建筑的立面，应先将建筑立面墙体与门、窗口线及装饰线角分离，分别绘制。在绘制墙体时，只需绘制出墙体外轮廓及保留相应的门窗孔洞的位置。再分别绘制门、窗口线，如有装饰构件或装饰线角，也应将构件的平、立面及线角单独绘制。最后，绘制建筑屋顶平面，可根据平面图样式，将其分为东、南、西、北四个方向，拆分绘制。

2. 城市建筑模型的制作

下面以某幼儿园为例，介绍单体建筑模型的制作流程：

首先确定所需材料及工具。此次单体建筑表现主材选用ABS板，辅材为蓝色磨砂半透明亚克力板；着色剂为硝基漆；粘接剂为三氯甲烷、U胶、美纹纸；工具有电脑雕刻机、壁纸刀、勾刀、细嘴钳子、铁刷、手钻。

（1）绘制单体建筑CAD图纸

整个建筑根据其尺寸绘制1：100的图纸。（图2-110）

（2）绘制雕刻文件

根据上文介绍，将绘制好的建筑图纸进行拆分，并转换为雕刻文件。（图2-111至图2-113）

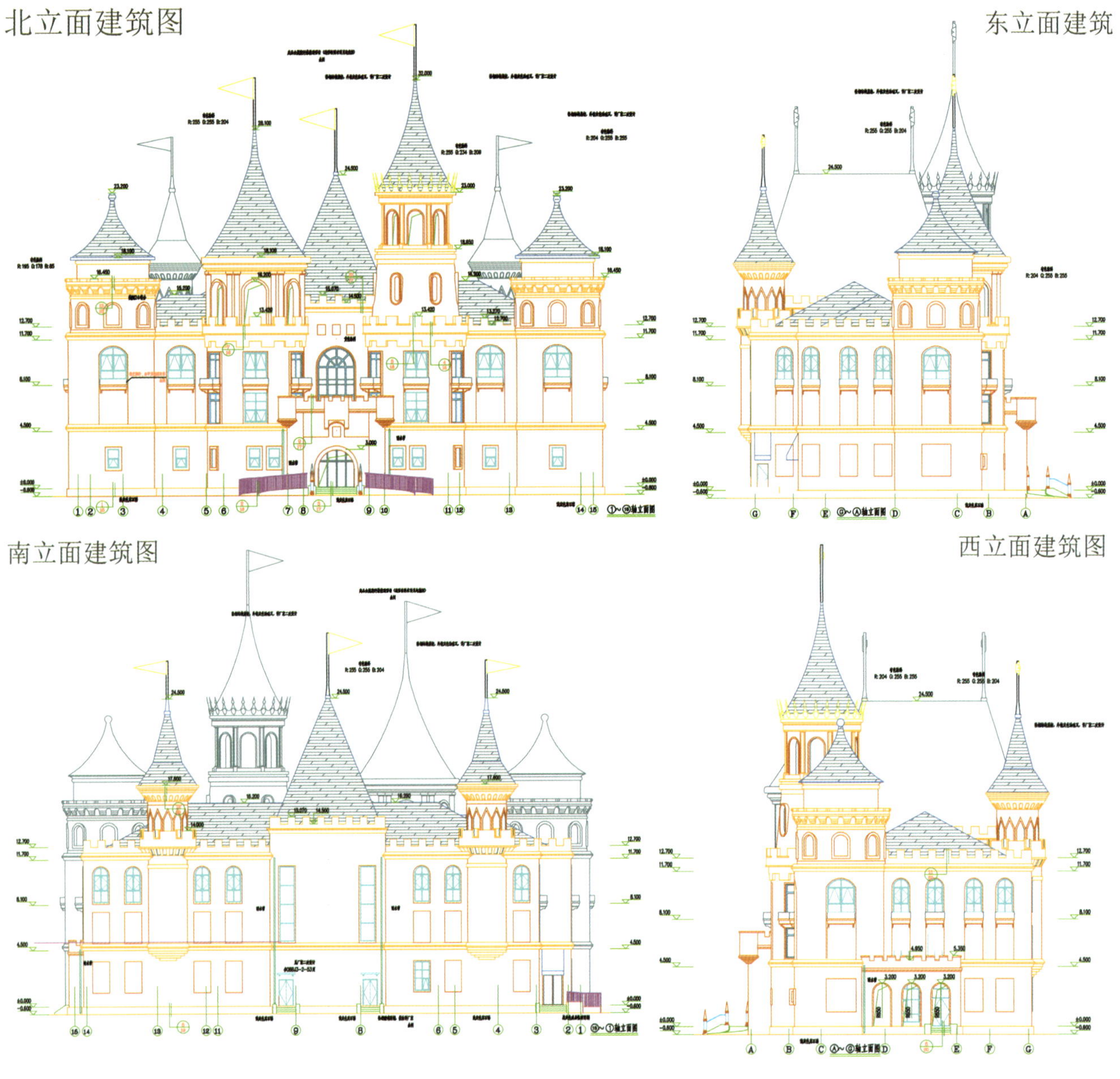

图 2-110　建筑各立面 CAD 图纸 / 哈尔滨建境模型 /2017 年

（3）雕刻文件

在电脑雕刻机上，根据需要，对雕刻文件进行设置，如建筑外墙面上的装饰纹样采取半刻透的方式，建筑门、窗孔洞及独立形体，则采取全部刻透方式。雕刻之前先在所用材料的背面粘贴美纹纸，这样既不损伤材质表面，也能确保雕刻完之后所有文件可以一起拿离雕刻机，而不至于因刻透的缘故，导致部分文件脱离或遗失。（图2-114）

（4）建筑平面的制作

依据建筑设计构思及雕刻文件，从总雕刻图上摘取平面文件，并打磨光滑待用。（图2-115）

（5）打磨雕刻文件

将建筑立面从总雕刻文件上取下，并用细钢丝刷子打磨雕刻文件的边缘毛刺，使其光滑易于粘接。（图2-116）

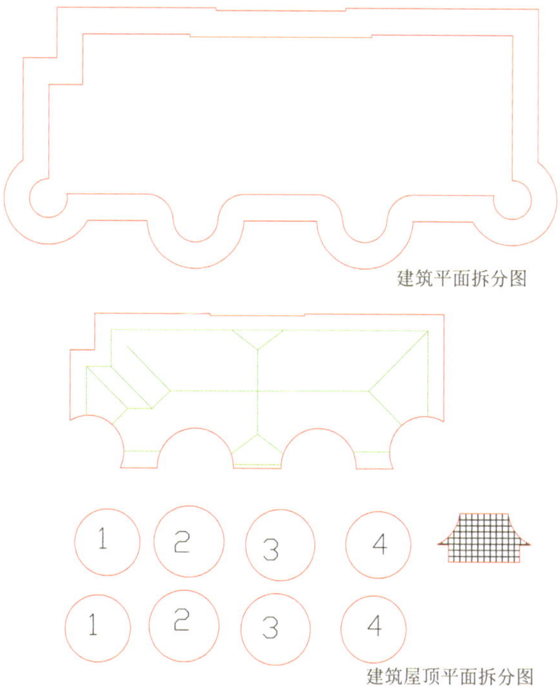

图 2-111 建筑平面拆分图 / 哈尔滨建境模型 /2017 年

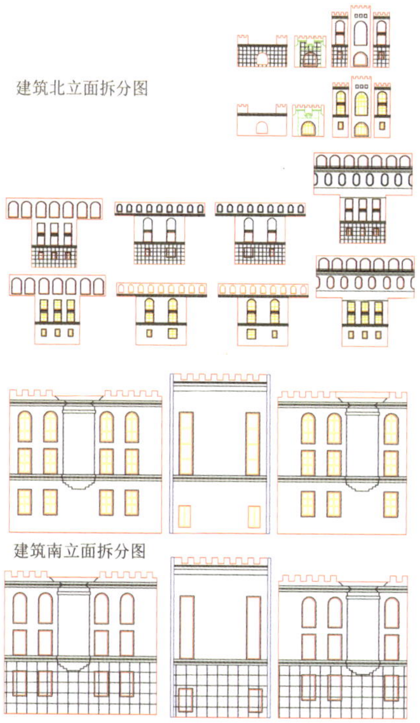

图 2-112 建筑立面拆分图 / 哈尔滨建境模型 /2017 年

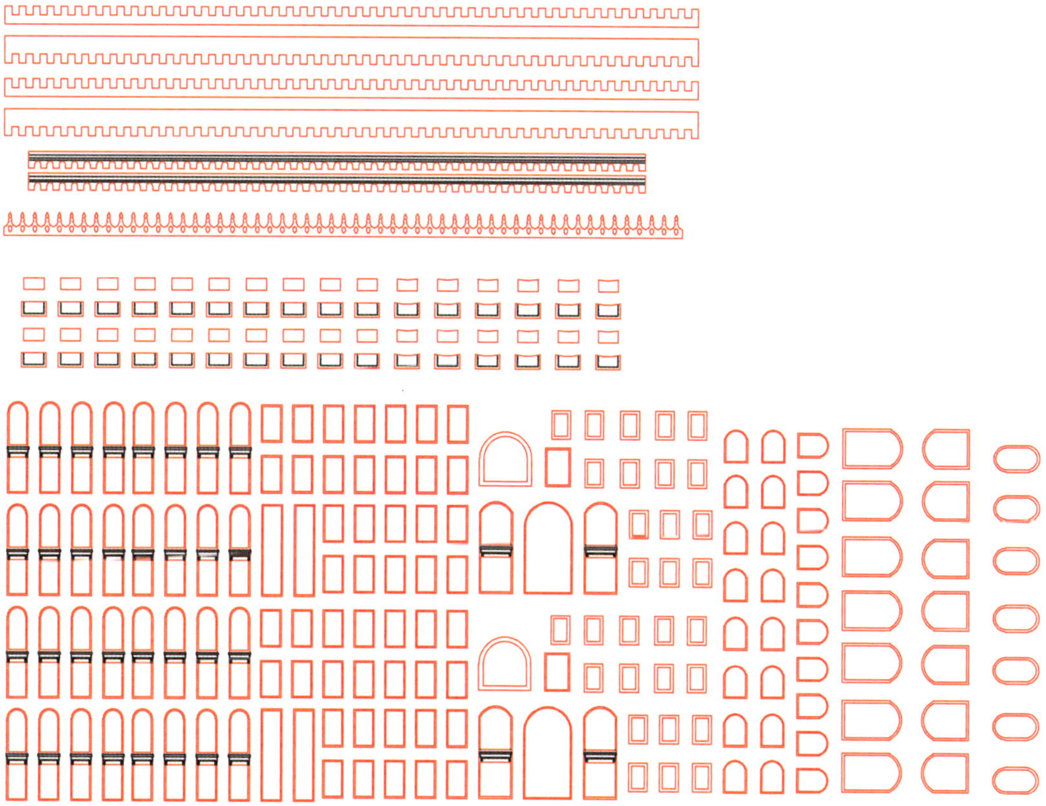

图 2-113 窗户及装饰线角拆分图 / 哈尔滨建境模型 /2017 年

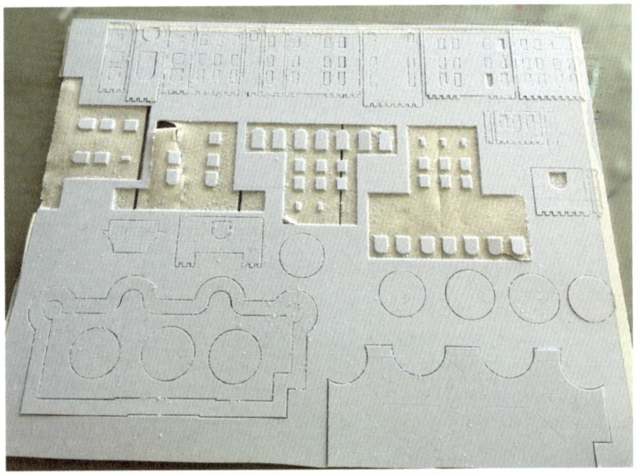

图 2-114 ABS 板雕刻完成局部文件图 / 哈尔滨建境模型设计制作有限公司 /2017 年

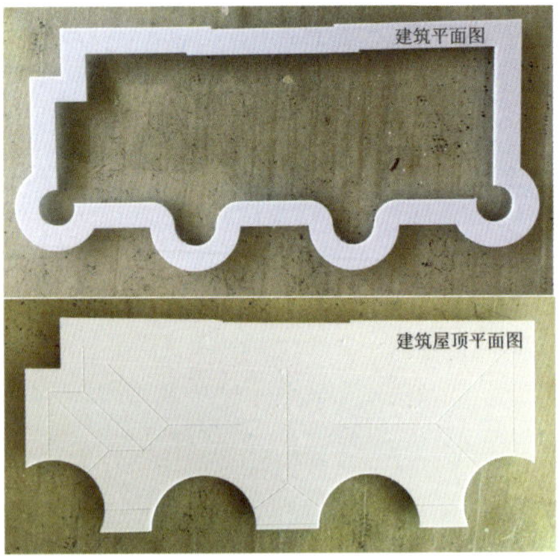

图 2-115 雕刻完成的建筑平面图 / 哈尔滨建境模型设计制作有限公司 / 2017 年

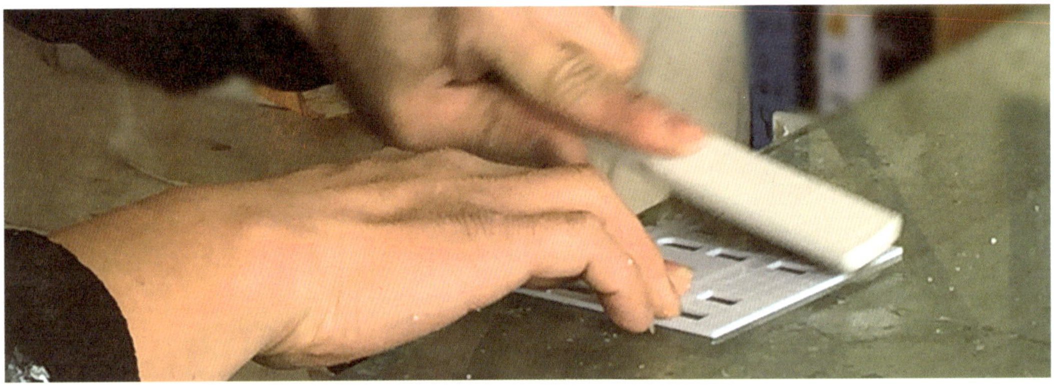

图 2-116 使用细钢丝刷子打磨立面 / 哈尔滨建境模型设计制作有限公司 /2017 年

（6）立面粘接

对ABS板进行粘接，三氯甲烷是最好的选择。三氯甲烷为易挥发性液体，可瞬间粘固ABS板，使用前可先将其倒入不透明的小瓶内，用小细毛笔，点粘涂刷ABS表面即可。（图2-117）将连接好的建筑立面按所绘平面图纸，分别对应粘接，若粘接过程中出现误差，可利用壁纸刀进行微调切割。（图2-118）此时需要注意的是，在调整建筑平面的时候也要调整建筑屋顶平面，要做到两者是等大尺寸，以防后期屋顶平面和建筑立面搭接不上。调整完屋顶平面后继续粘接南立面其他部分。（图2-119至图2-123）

（7）制作弧形立面（即建筑南立面）

先从总雕刻板上取下弧形立面板的平面。用勾刀将其背面半刻透的线勾匀，主要是调整线刻的深度。然后用细口钳一点点将平面折弯，使其变成弧面。依照上面介绍的方法，将弧形立面与平面用三氯甲烷粘接，并用美纹纸辅助固定，再将做好的弧形立面与建筑平面粘接固定。（图2-124至图2-130）

图 2–117　建筑立面对拼 / 哈尔滨建境模型设计制作有限公司 /2017 年

图 2–118　粘接建筑北立面并用刀具微调 / 哈尔滨建境模型设计制作有限公司 /2017 年

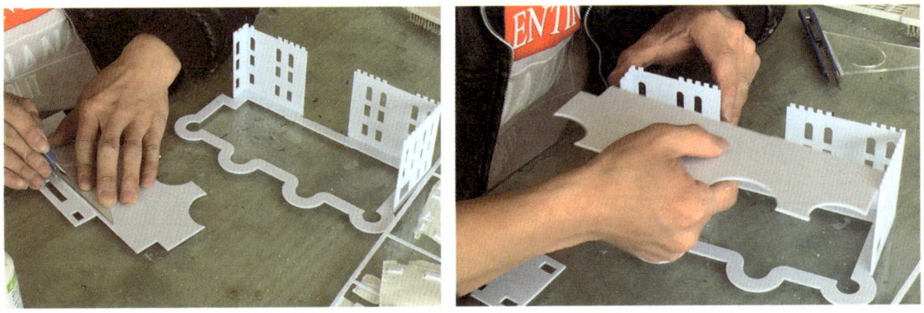

图 2-119 调整屋顶平面与立面的微差 / 哈尔滨建境模型设计制作有限公司 /2017 年

图 2-120 粘接建筑北立面及建筑东立面与北立面完成图 / 哈尔滨建境模型设计制作有限公司 /2017 年

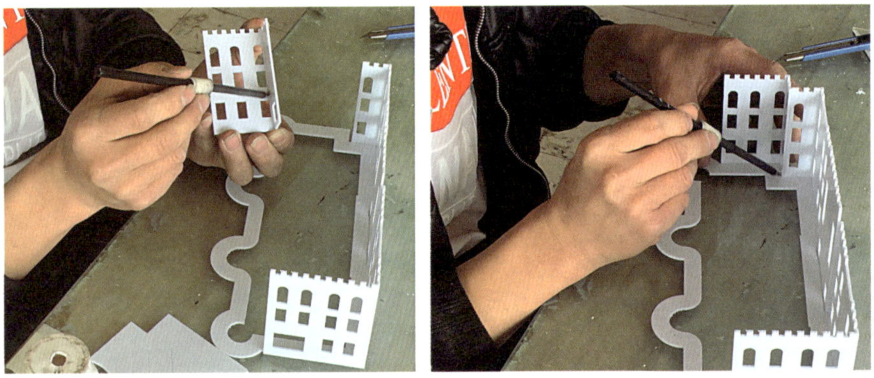

图 2-121 粘接建筑西立面 / 哈尔滨建境模型设计制作有限公司 /2017 年

图 2-122 建筑东、北、西立面完成图 / 哈尔滨建境模型设计制作有限公司 /2017 年

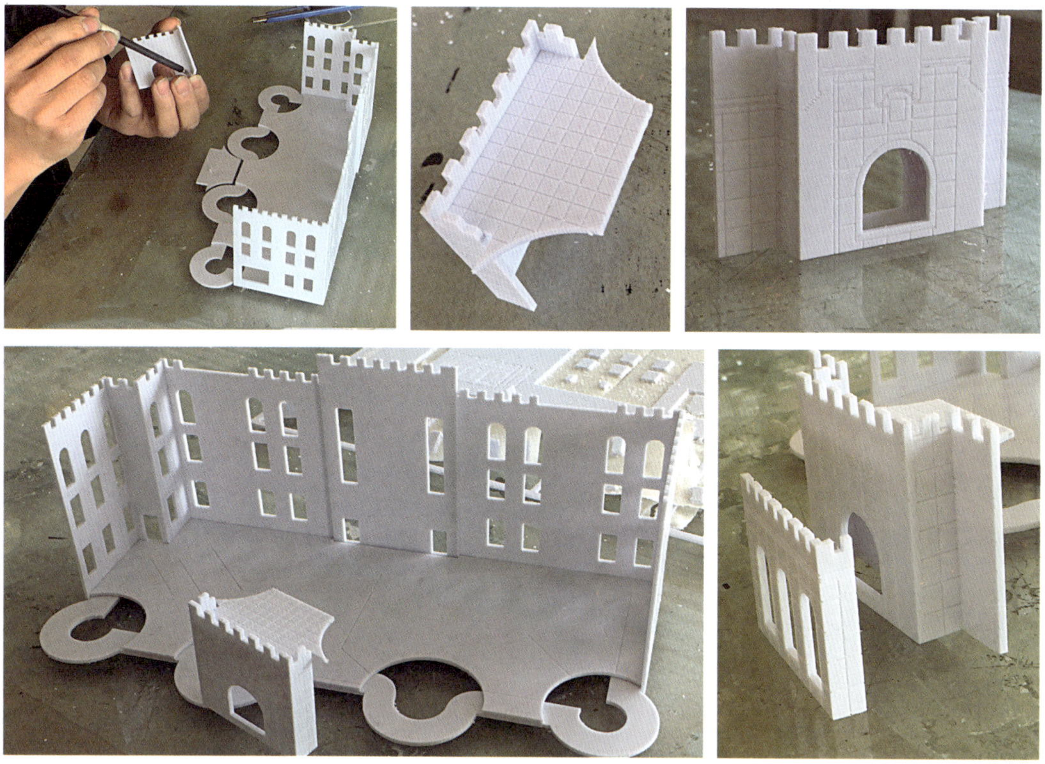

图 2–123　建筑南立面入口粘接 / 哈尔滨建境模型设计制作有限公司 /2017 年

图 2–124　弧形立面的正面与背面 / 哈尔滨建境模型设计制作有限公司 /2017 年

图 2–125　使用勾刀勾匀背面的雕刻深度及缝隙 / 哈尔滨建境模型设计制作有限公司 /2017 年

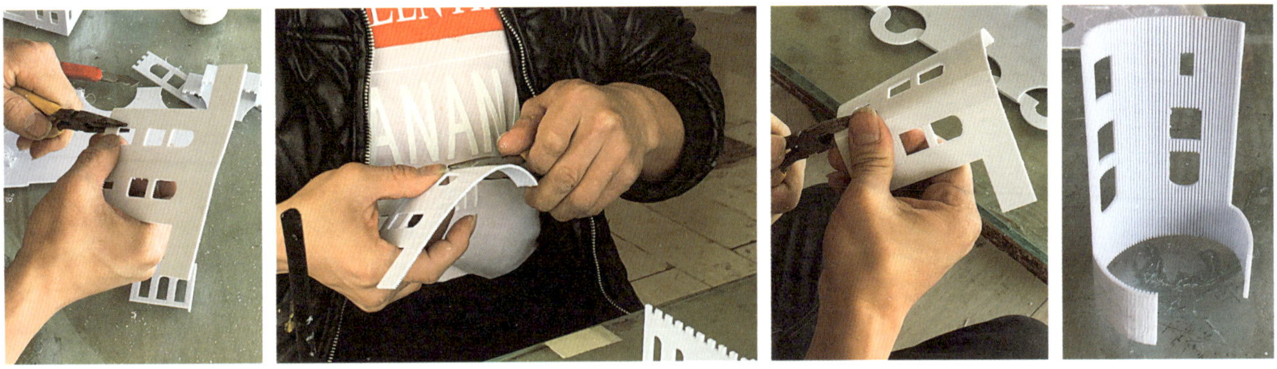

图 2-126 用细嘴钳调整、折弯弧形立面 / 哈尔滨建境模型设计制作有限公司 /2017 年

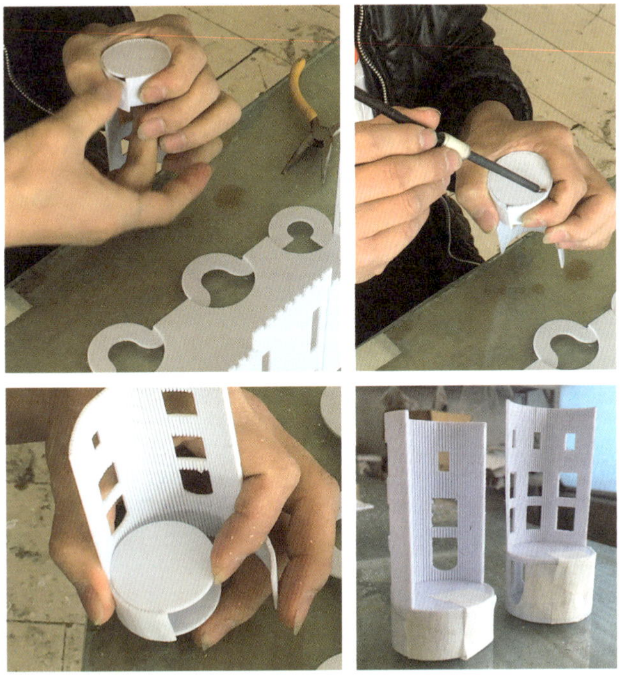

图 2-127 弧形立面与平面粘接 / 哈尔滨建境模型设计制作有限公司 /2017 年

图 2-128 弧形立面与平面调试 / 哈尔滨建境模型设计制作有限公司 /2017 年

图 2-129 使用三氯甲烷粘接固定 / 哈尔滨建境模型设计制作有限公司 /2017 年

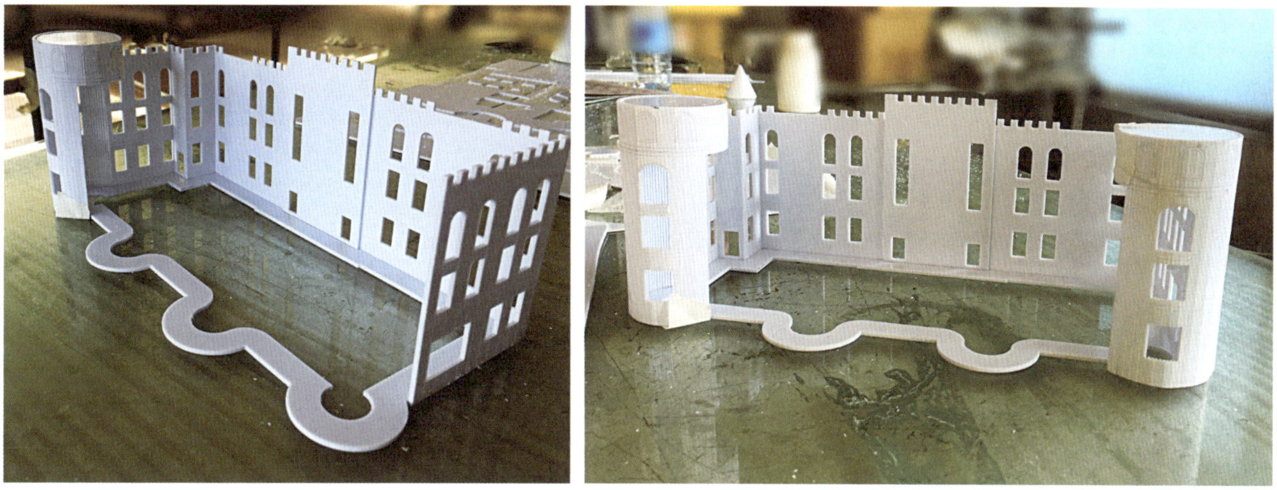

图 2-130　建筑南立面局部 / 哈尔滨建境模型设计制作有限公司 /2017 年

（8）粘接屋顶平面

将屋顶平面从总雕刻图上取下，用三氯甲烷，将其与建筑各立面相连，并继续调试粘接第三个弧形立面及剩余立面。（图2-131至图2-133）

图 2-131　屋顶平面与立面调整粘接 / 哈尔滨建境模型设计制作有限公司 /2017 年

图 2-132　部分界面粘接完毕 / 哈尔滨建境模型设计制作有限公司 /2017 年

图 2–133 部分界面粘接完毕 / 哈尔滨建境模型设计制作有限公司 /2017 年

（9）制作建筑入口

先将建筑入口的屋顶平面与立面连接，再将粘接好的建筑入口立面与主体建筑相连接。（图2–134）

（10）制作建筑北立面装饰构件

半弧形装饰构件制作方法与南立面半弧形建筑外立面做法相同，在此不再重复。完成之后根据需要喷涂粉色硝基漆，制成半成品，再分别与建筑立面粘接。（图2–135）

（11）制作装饰构件

从总雕刻图中截取装饰构件的平面、立面，如上所述，将平面与立面分别粘接。（图2–136）

（12）制作装饰线角

从总雕刻图上截取装饰线角平面图，用壁纸刀反复抽拉，使其自然弯曲，根据立面需要将其与建筑立面粘接。（图2–137、图2–138）

（13）制作剩余建筑立面

对整体建筑立面进行调整与粘接。（图2–139、图2–140）

（14）建筑屋面的制作

根据图纸，裁切建筑屋顶平面，并使用细砂纸对平面边缘进行打磨，使其表面光滑。此栋建筑的屋顶除平面样式外，还有圆锥形样式。首先，将圆锥做成横向侧剖面，并按大小罗列、粘贴、打磨、粘接；其次，制作灰色建筑屋面，根据建筑平面，合理计算坡屋顶大小及倾斜角度，并粘接。（图2–141、图2–142）

（15）给建筑着色

将硝基漆调制成所需颜色，使用高气压喷枪进行喷涂，均匀地给外立面着色，着色时按照颜色由浅及深的顺序。如若遇到同一平面需喷涂多种颜色，应先将其中一种颜色的位置用美纹纸粘贴遮挡，喷涂另一种颜色的位置，待喷完晾干后，将已喷涂部分用美纹纸粘贴遮挡，再喷涂其他颜色的位置。（图2–143）

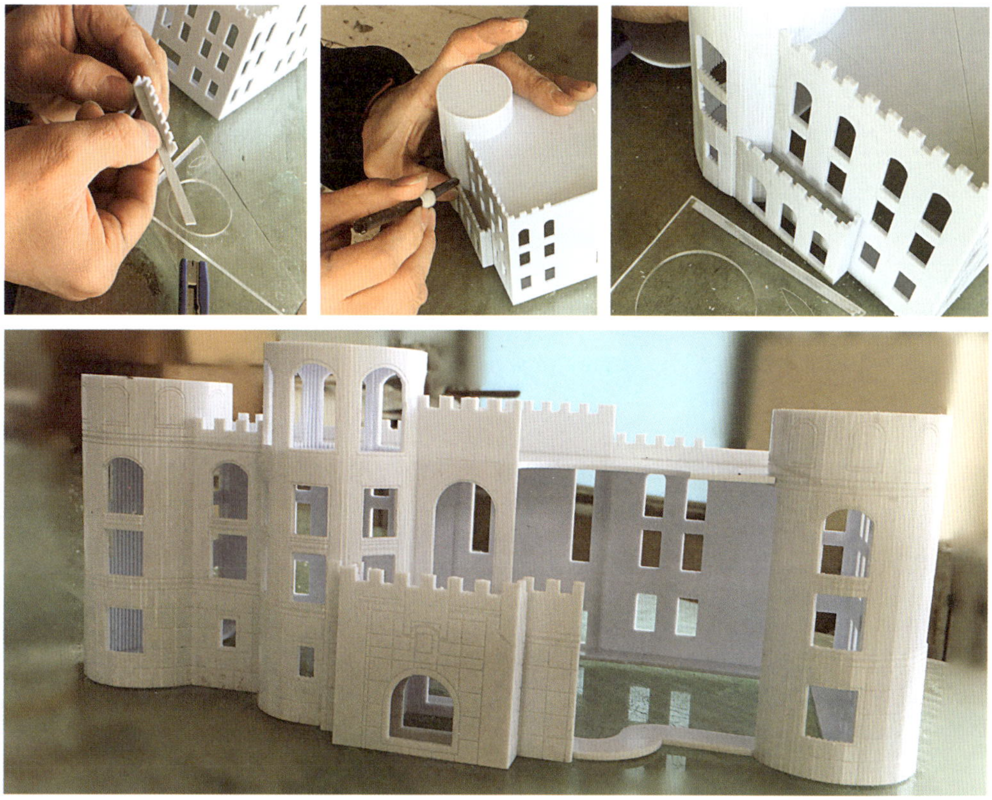

图 2-134 部分建筑主体效果 / 哈尔滨建境模型设计制作有限公司 /2017 年

图 2-135 北立面完成图 / 哈尔滨建境模型设计制作有限公司 /2017 年

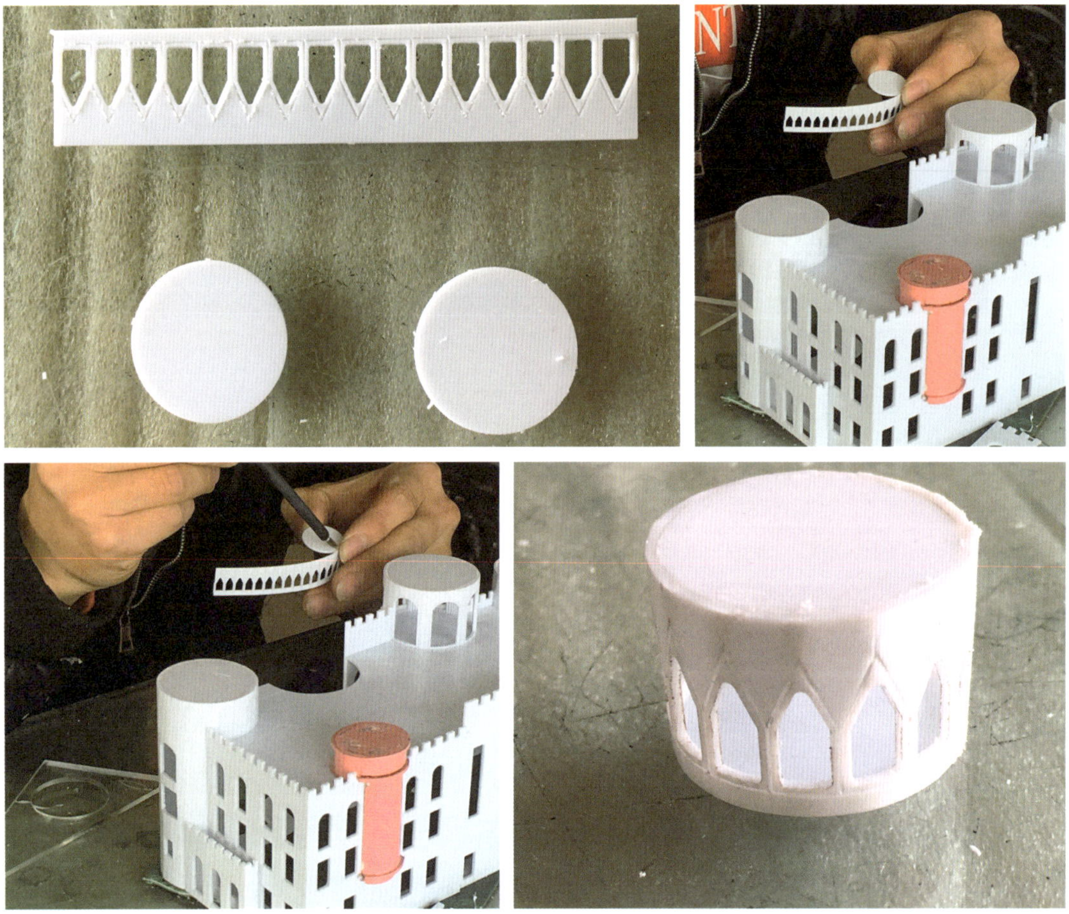

图 2–136　粘接完毕的装饰构件 / 哈尔滨建境模型设计制作有限公司 /2017 年

图 2–137　制作装饰线脚 / 哈尔滨建境模型设计制作有限公司 /2017 年

（16）制作窗户及窗口线

按照建筑立面的做法，先将窗户及窗口的立面进行雕刻、喷漆，再选择蓝色磨砂半透明PVC板材作为窗户，从建筑里面与建筑粘接，最后将喷好颜色的窗口线粘于建筑外立面窗口的位置，模型制作完成。（图2-144至图2-147）

图 2-138　粘贴完装饰线角的建筑立面 / 哈尔滨建境模型设计制作有限公司 / 2017 年

图 2-139　剩余建筑立面调试与粘接 / 哈尔滨建境模型设计制作有限公司 / 2017 年

图 2-140　建筑外立面局部图及完成 / 哈尔滨建境模型 /2017 年

图 2–141　圆锥形屋顶制作打磨步骤 / 哈尔滨建境模型设计制作有限公司 /2017 年

图 2–142　建筑南、北立面完成模型 / 哈尔滨建境模型设计制作有限公司 /2017 年

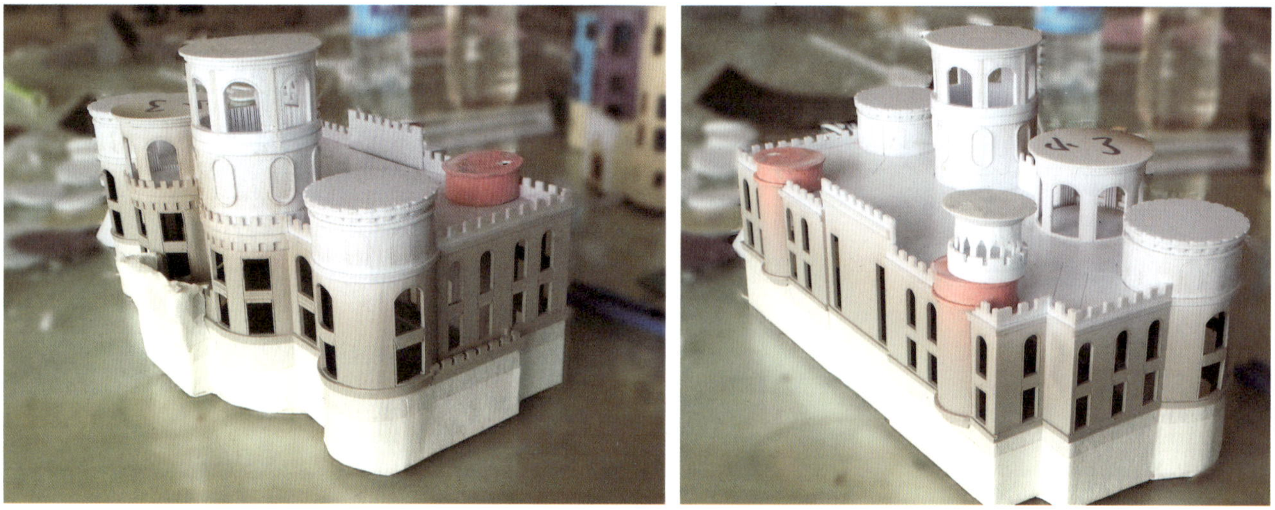

图 2–143　建筑南、北立面喷涂完成 / 哈尔滨建境模型设计制作有限公司 /2017 年

图 2-144　从建筑内部粘贴窗户 / 哈尔滨建境模型设计制作有限公司 /2017 年

图 2-145　建筑窗口线局部 / 哈尔滨建境模型设计制作有限公司 /2017 年

图 2-146　建筑着色完成局部（方案一）/ 哈尔滨建境模型 /2017 年

图 2-147　最终建筑模型 / 哈尔滨建境模型 /2017 年

任务二　单体建筑概念模型

1. 单体建筑概念模型制作的前期工作

（1）单体建筑模型设计制作的特点

单体建筑模型有别于城市建筑模型，主要用于建筑的研究、展示及竞赛投标，通常采用1：100~1：500的比例进行制作。相对而言，采用1：200的比例就已经可以对建筑做很详细的描述，包括建筑的材质、装饰构件及细部结构等都可以做如实详尽的表述。如果建筑原尺寸偏大，若采用1：50~1：100的比例，则通常仅限于表述建筑物，对其周围景观及环境不做详细表现。

（2）单体建筑模型设计制作的流程

根据图纸规划沙盘尺寸及所要表现内容，依据建筑尺寸及所要制作的沙盘尺寸，确定合理的建筑比例，根据建筑风格，选择合适表现手法及表现材质。

（3）单体建筑模型制作的基本要求

单体建筑模型通常用作教学研究及竞赛投标，所表现内容通常以建筑结构穿插、比例关系、细部构造、色彩搭配为主，建筑作为表现的主体内容，环境表现可以适当弱化。其表达方式通常有两种：用于教学、研究用的概念模型和用于展览、投标用的表现模型。用于教学、研究用的概念模型，通常采用相对易于裁切的材料按比例制作，有些细节在研究之初，无需表现，只研究建筑的结构、比例及穿插关系即可。而用于投标、展览用的表现类模型，则要求详细表现建筑的外观、各空间界面的色彩及材质关系、建筑的细节结构及比例关系、所表现建筑与周围建筑之间的比例关系，以及建筑与周围环境、人物的比例关系等。

2. 单体建筑模型图纸的认知

（1）单体建筑图纸的绘制

此处单体建筑模型制作，主要以培养学生自主创新为目标。首先根据所搜集到的资料，绘制设计构思草图，待设计草图定稿后，若采用手工分割的方法，可将设计方案等比绘制于纸上，如若采用机械雕刻机雕刻，可先用CAD软件绘制，并保存为.dxf 文件，再导入雕刻机软件进行雕刻。

在这里绘制的建筑图纸与以往有所不同。首先，绘制建筑的平面无需绘制出平面内详细的布置，只绘制出平面的外轮廓即可。其次，绘制建筑的立面应先将建筑立面墙体与门、窗及装饰构件分离，分别绘制。在绘制墙体时，只需绘制出墙体外轮廓并保留相应的门窗孔洞的位置，再分别绘制门、窗，如有装饰构件也应将构件的平、立面分开单独绘制。最后绘制建筑屋顶平面，可根据屋顶平面样式，将其分为东、南、西、北四个方向拆分绘制。

（2）单体建筑概念模型图纸的拆分

下面以课上学生作业为例，介绍单体建筑概念模型拆分流程。

绘制拆分单体建筑。将整个建筑根据其尺寸绘制1：100的图纸，见图2-148、图2-149。

（3）图纸拷贝及材料切割

依据如上介绍绘制建筑图纸，图纸绘制完毕无误后，将其拷贝于材料之上，（图2-150）并使用壁纸刀将建筑立面及屋顶平面分别切下来。（图2-151）

3. 单体建筑概念模型的制作

依据建筑设计构思整个模型将采用单一材质航空模型板来表现，选用白色及红褐色作为整体基调使建筑模型与建筑环境融为一体。

（1）建筑立面的制作

切割打磨。根据图纸，切割建筑的各个立面并分别打

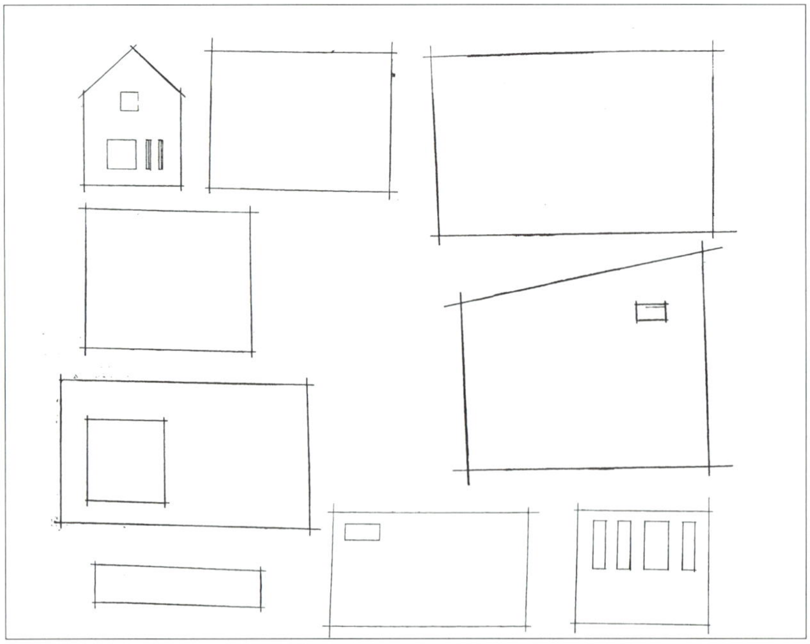

图 2-148 绘制建筑立面图 / 贾文淞、高健 / 哈尔滨师范大学 /2017 年

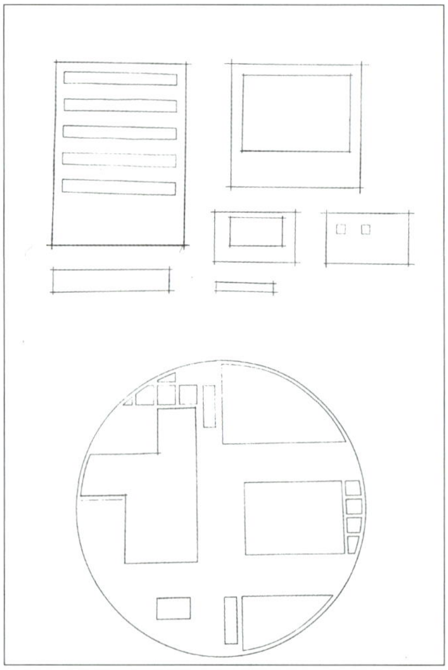

图 2-149 绘制建筑屋顶平面图 / 贾文淞、高健 / 哈尔滨师范大学 /2017 年

磨，去掉边缘毛刺，使其表面光滑。（图2-152）

给建筑立面着色。将丙烯颜料调制成所需白色及红褐色，用喷笔分别喷涂，均匀地给外立面进行着色。（图2-153）

立面粘接。依据建筑图纸，依次粘接各建筑立面，胶粘剂使用蓝田5495。（图2-154）

（2）建筑屋顶的制作

切割打磨。根据图纸，裁切建筑屋顶平面，并使用细砂纸，对切割好的屋顶平面边缘进行打磨，使其表面光滑。

给建筑屋顶平面着色。将丙烯颜料调制成所需红褐色，使用喷笔喷涂，均匀地给各部位进行着色。如若遇到同一平面内需喷涂多种颜色，可先将其中一种颜色的位置用美纹纸粘贴遮挡，喷涂另外一种颜色的位置，待喷完晾干后，再将这部分用美纹纸粘贴遮挡，喷涂其他颜色的位置。（图2-155、图2-156）

（3）固定建筑立面与屋顶平面

使用蓝田5495，粘接建筑屋顶带有翻板之处，并将屋顶平面与建筑立面对应粘接。（图2-157、图2-158）

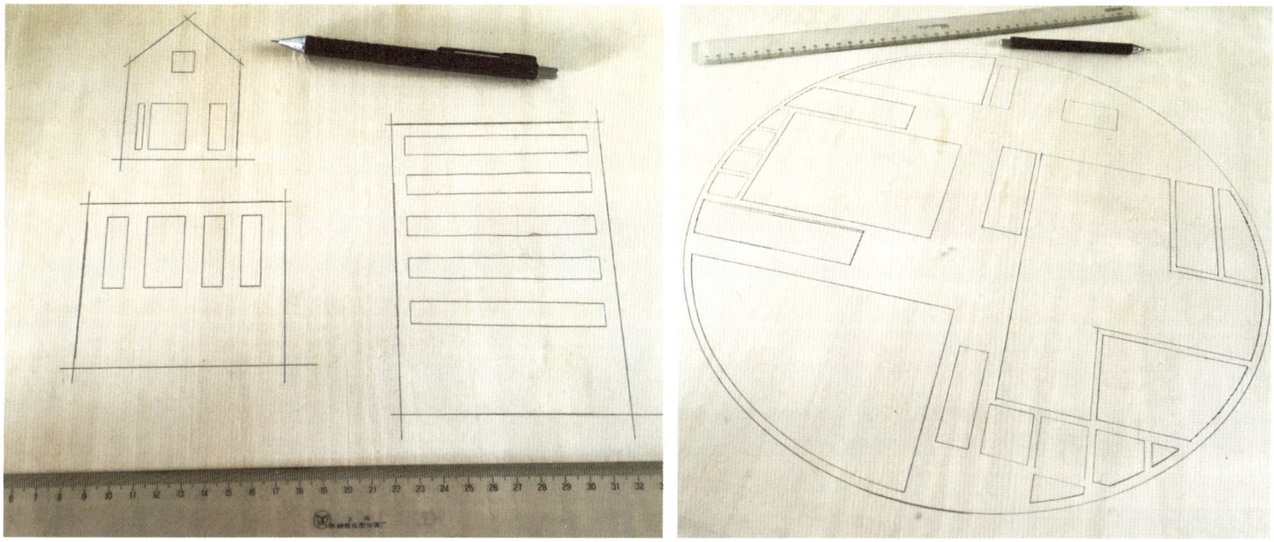

图 2-150　建筑立面、屋顶平面绘制于材料之上 / 贾文淞、高健 / 哈尔滨师范大学 /2017 年

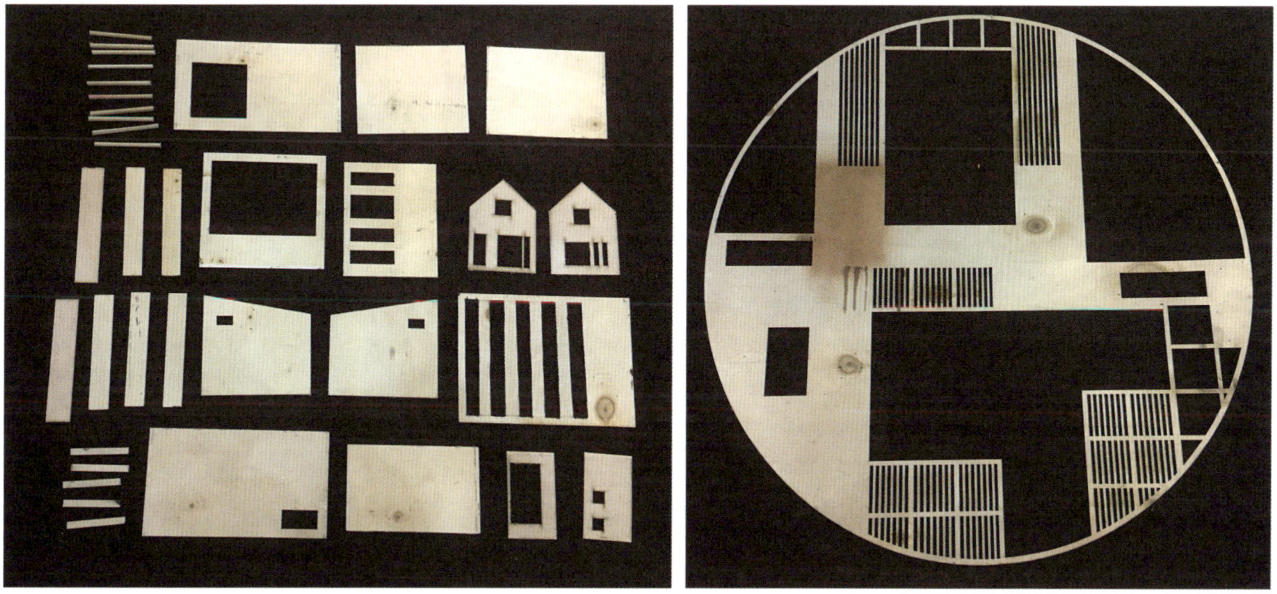

图 2-151　建筑立面及屋顶裁切完成 / 贾文淞、高健 / 哈尔滨师范大学 /2017 年

4. 单体建筑概念模型底盘的制作

（1）底盘的制作

课上引导学生应勤于思考、善于发现，利用身边的一切可用之物。对于模型底盘的制作，建议直接采用2K木画板，因其材质与建筑模型一致，通过喷涂即可使其颜色与整体设计构思协调统一。（图2-158）

（2）树木制作

整个建筑采用单一材质，为寻求沙盘艺术处理手法的统一，树木采取干枝处理的方式，使用铜丝制作。先将铜丝底部统一拧紧以作树干之用，待到一定高度再

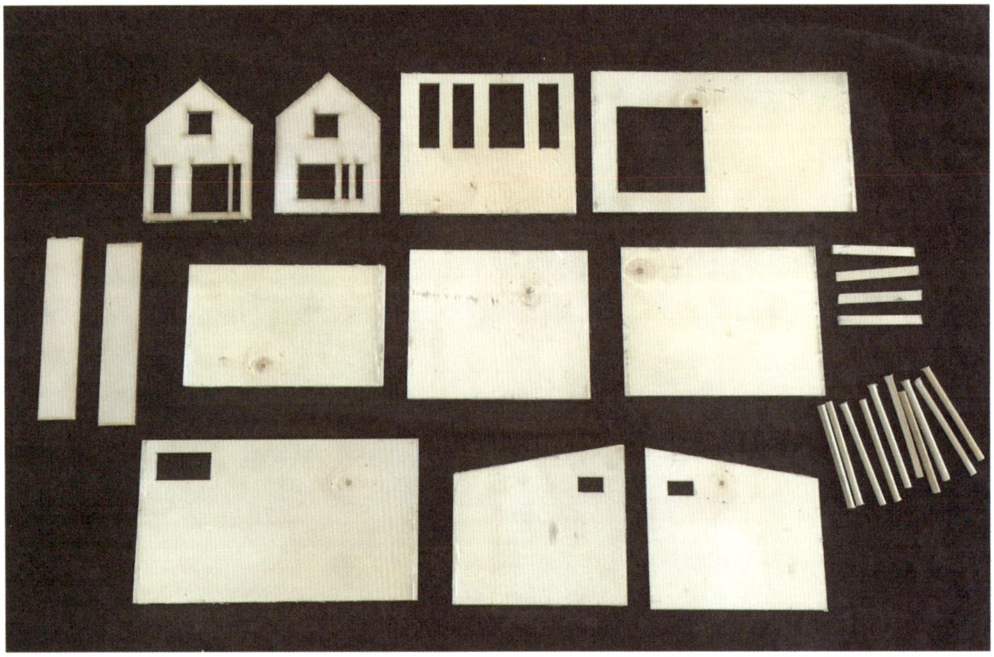

图 2-152　建筑立面打磨完成图 / 贾文淞、高健 / 哈尔滨师范大学 / 2017 年

图 2-153　建筑各立面粘接过程 / 贾文淞、高健 / 哈尔滨师范大学 /2017 年

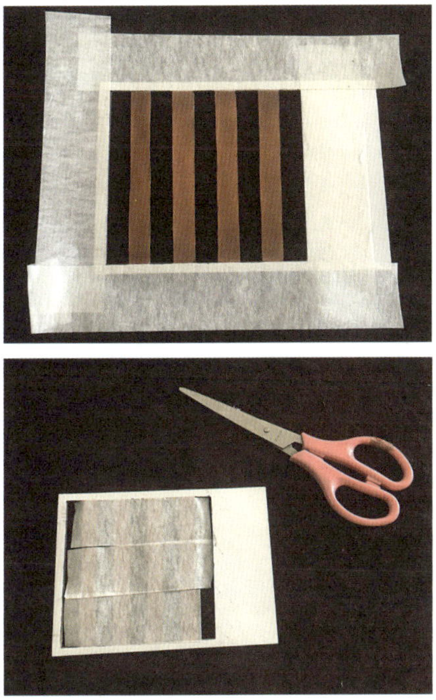

图 2-154 建筑屋顶平面遮挡着色 / 贾文淞、高健 / 哈尔滨师范大学 / 2017 年

图 2-155 屋顶平面喷涂完成 / 贾文淞、高健 / 哈尔滨师范大学 /2017 年

图 2-156 分别粘接建筑屋顶带有翻板的地方 / 贾文淞、高健 / 哈尔滨师范大学 /2017 年

将其进行分枝处理。（图2-159）

（3）景观处理

底盘材料确定后，依据建筑风格及最终艺术处理想法，确定建筑外环境构图，并将其切割、喷色与底盘粘贴相连。为与屋顶平面圆形的样式形成统一，在建筑底部也做圆形地面处理。由于整个建筑采用简单几何形体穿插的构造形式，所以在环境景观处理的方式上采取同样手法，只做简单几何形体的概念处理，用以突出主体建筑物。（图2-160）

5. 模型调试与安装

将粘接好的建筑模型、制作好的铜丝树，分别粘接到模型底盘上，并进行调试，胶粘剂选用U胶。（图2-161至图2-163）

图 2-157　屋顶与建筑立面分别粘接 / 贾文淞、高健 / 哈尔滨师范大学 /2017 年

图 2-158　底盘材料的选择 / 贾文淞、高健 / 哈尔滨师范大学 /2017 年

图 2-159　铜丝树木制作完成图 / 贾文淞、高健 / 哈尔滨师范大学 /2017 年

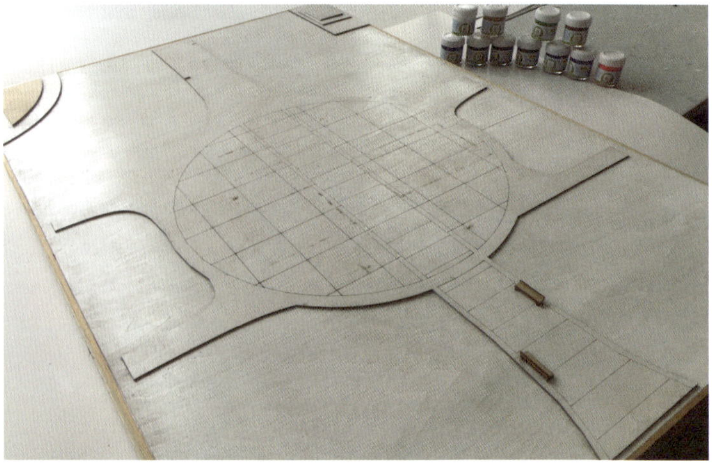

图 2-160　底盘与建筑环境平面图 / 贾文淞、高健 / 哈尔滨师范大学 / 2017 年

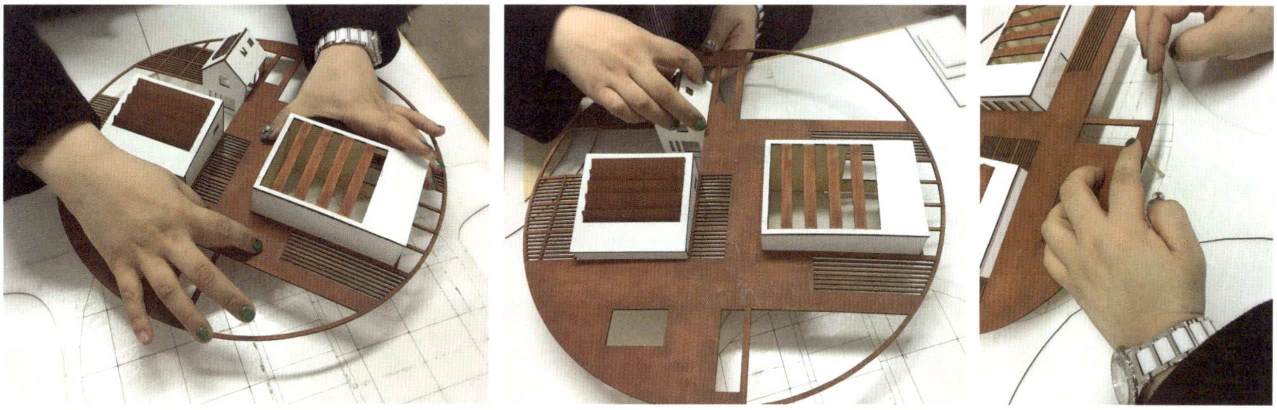

图 2-161　对模型进行调试与安装 / 贾文淞、高健 / 哈尔滨师范大学 /2017 年

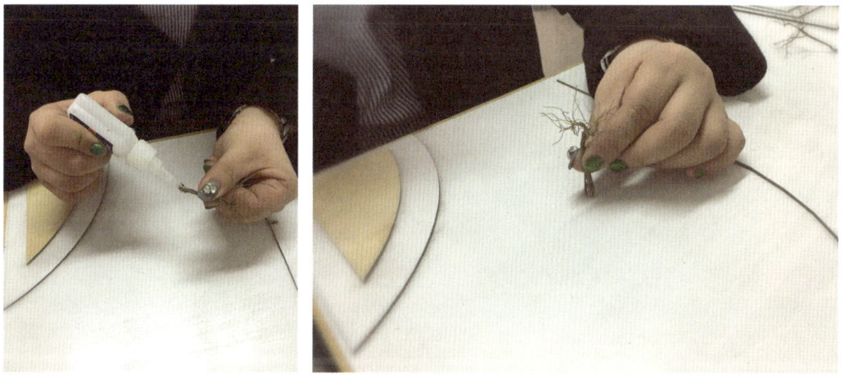

图 2-162　粘接树木、制作环境 / 贾文淞、高健 / 哈尔滨师范大学 /2017 年

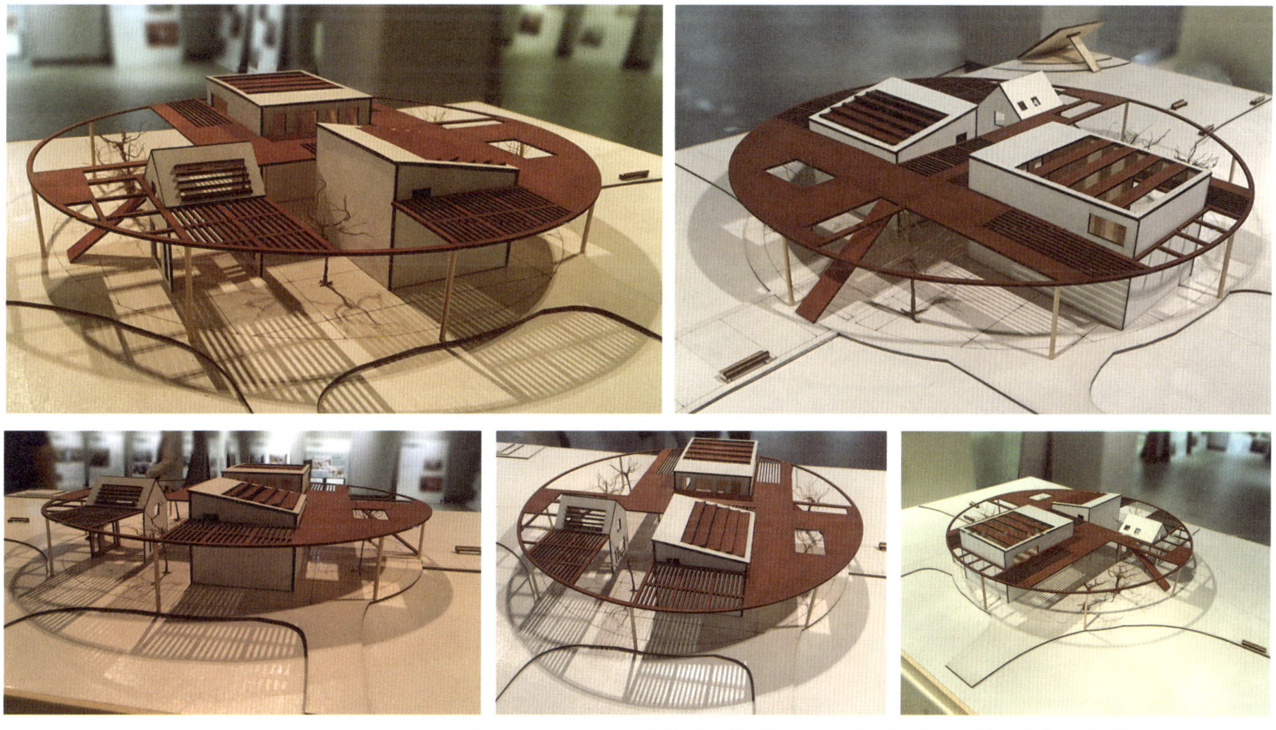

图 2-163　单体建筑概念模型完成图 / 贾文淞、高健 / 哈尔滨师范大学 /2017 年

第三章

建筑模型作品赏析

建筑模型作品，从设计模型到表现模型，无论哪种类型都具有一定的观赏价值与实用价值，不同阶段的模型从不同角度、不同层面，帮助分析解决建筑设计与表现过程中所遇到的诸多问题，如结构、比例、造型乃至整体规划等各方面。概念模型根据设计需要，表达出其制作上的可变动性；表现模型精湛的表现技巧，真实还原了过去与将来的建筑实景与环境，这些都为建筑的最终实现打下了良好的基础，为日后的规划设计提供了参考依据。人常说：“站在巨人的肩膀上，我们可以站得更高、走得更远、跑得更快。”了解与欣赏优秀模型作品，分析其设计与制作上的精妙之处，对我们今后的教学与学习起着启迪与引领的作用。

第一节 规划模型与景观模型

一、“哈南工业新城”规划模型

项目概况：哈南工业新城是哈尔滨市“北跃、南拓、中兴、强县”战略的重要组成部分。产业定位为打造国家重要的新型工业化产业示范区；同时，哈南工业新城空间还定位为东北亚物流的公路和空中节点、哈尔滨市副中心、哈尔滨的南部门户；另外，在“新城”内还将建设满族风情、动漫影视和现代娱乐等相关拉动经济增长的产业。

坚持人民城市人民建、人民城市为人民的原则。哈南新区从全局出发提高整体城市规划、建设水平。该模型不仅依比例如实反映了整个项目的建设内容，同时，对区域内重点建筑也做了详细刻画，而非按常规规划模型的制作手法对建筑做概念处理。作为展览使用的表现规划模型，其色调整体统一、主题明确、主次分明、详略得当，表现得恰到好处。（图3-1）

图3-1　“哈南工业新城”规划模型/哈尔滨城市规划展览馆/2017年

图 3-2 哈尔滨防洪胜利纪念塔 / 佚名 /2015 年

二、哈尔滨防洪胜利纪念塔

项目概况：哈尔滨防洪胜利纪念塔，是前苏联设计师巴吉斯·兹耶列夫和哈尔滨工业大学第二代建筑师李光耀共同设计的作品，由纪念塔、喷泉、围廊和广场四部分组成。塔的基座呈方形，上窄下宽，由深绿色花岗岩碎石砌成，坚固耐久。基座上方采用了波浪式水泥杆，镶嵌着与真人等大的24位古铜色人物浮雕；塔高22.5米，塔身呈椭圆形，每周由20块反弧形凹槽的花岗岩组成；塔身的顶部雕塑着高3.5米的工农兵知识分子全身像，也塑有俄罗斯人参与抗洪的场面。纪念塔在周围布局上，以塔身为中心，在其后设20根科林斯式圆柱，顶端用一条宽带将圆柱两端的画壁相连结，组成一个长35米的半圆形罗马式回廊。（图3-2）

哈尔滨防洪胜利纪念塔模型，整体由白色ABS板制作，后期做喷漆处理，在表现过程中按比例真实地表述了防洪纪念塔的建筑特征。此外，由于受到制作比例的限制，制作者将塔身顶部3.5米高的工农兵全身塑像做局部放大单独制作的处理，将纪念塔的细节详细突出与刻画，置于模型后面，以供参观者欣赏细节。（图3-3）

三、广场景观——机械龙

整个模型采用素色ABS板雕刻制作，景观以“龙”为主题，贯穿整个全程，设计制作上打破常规，赋予“龙”新的表现力和新的历史使命，虽是腾云驾雾，但更加强调时代感与机械美感，作为广场景观，庄严而不失艺术性，简练的设计语言，丰富的细节处理，精湛的制作手法，使得模型表现得栩栩如生。（图3-4至图3-7）

图 3-3 "哈尔滨防洪胜利纪念塔"模型/哈尔滨城市规划展览馆/2017 年

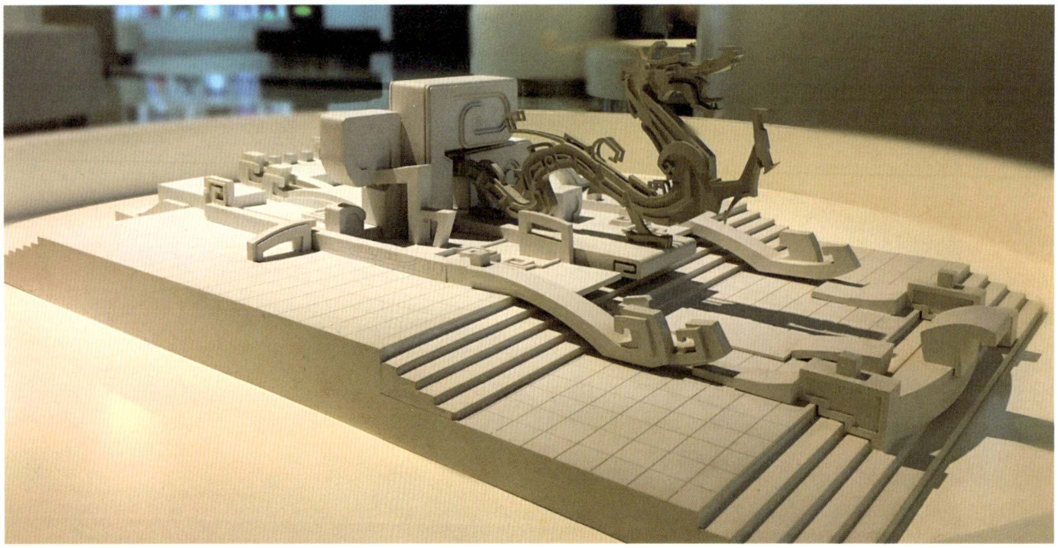

图 3-4　广场景观——“机械龙”模型视角 2/ 哈尔滨城市规划展览馆 /2017 年

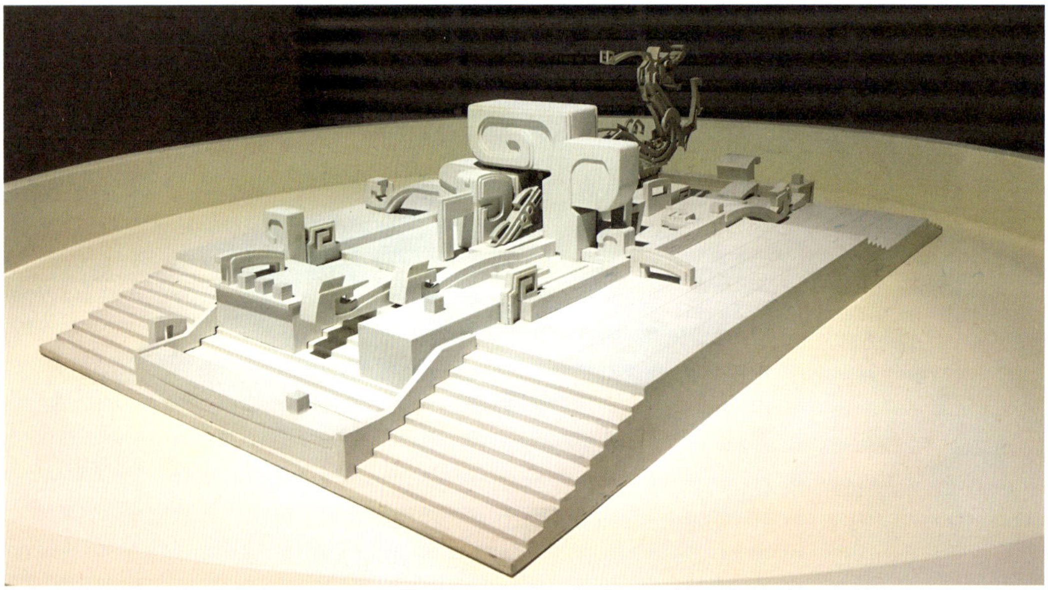

图 3-5　广场景观——“机械龙”模型视角 3/ 哈尔滨城市规划展览馆 /2017 年

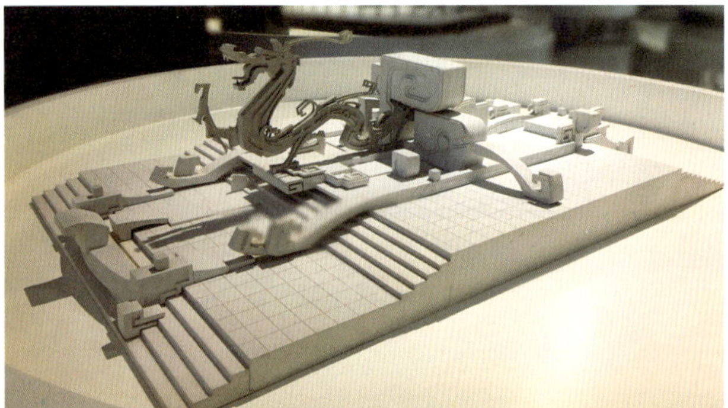

图 3-6　广场景观——“机械龙”模型视角 4/ 哈尔滨城市规划展览馆 /2017 年

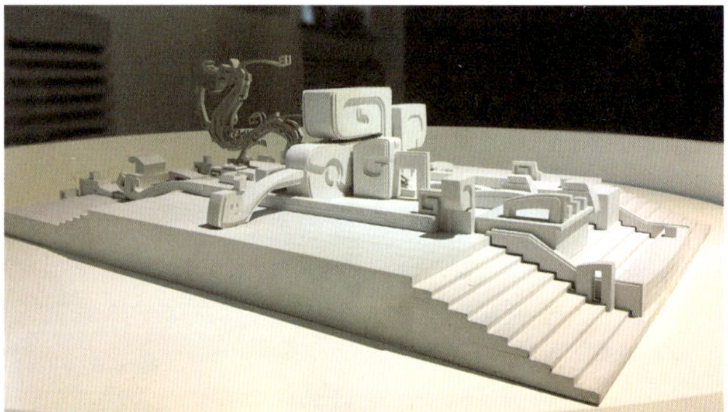

图 3-7　广场景观——“机械龙”模型视角 5/ 哈尔滨城市规划展览馆 /2017 年

图 3-8　“大明宫含元殿”遗址公园复原模型全景 / 西安大明宫含元殿 / 佚名 /2016 年

图 3-9　“大明宫含元殿”遗址公园复原模型局部 / 西安大明宫含元殿 / 佚名 /2016 年

第二节　展览模型

一、大明宫遗址复原全景模型

项目概况：大明宫是唐朝最宏伟壮丽的宫殿建筑群，也是当时世界上面积最大的宫殿建筑群，是唐朝的国家象征，大明宫始建于唐太宗贞观八年（634年），毁于唐末，面积约3.2平方公里。

含元殿遗址公园复原模型，尊重历史，将消失的建筑场景还原，让后人通过复原的模型，重新感受与了解历史，虽没有原建筑的气势雄伟，但也依稀可感受到当年建筑之精华。（图3-8、图3-9）

二、大明宫含元殿营建场景模型

项目概况：大明宫是唐太宗李世民为其父唐高祖李渊修建的一座消凉避暑的宫殿。李华在《含元殿赋》中的“涉磺砾而登崔嵬，择一干于千木”真实记录了当时建造大明宫的盛况。庞大的工程耗费了巨额的国库资金，而恢弘壮丽的大明宫自落成后便成了帝国与皇权的象征。

场景模型是建筑模型中一类特殊的展示模型，通过对人物及场景内景观的细致刻画，对人物动作及表情的细微表现，生动形象地反映了场景模型所要表现的主题。含元殿营建场景模型，就是借助对人物表情、动作及施工过程的形象表现，再现了当年含元殿营建时的盛况。（图3-10）

图 3-10“大明宫含元殿”营建场景模型 / 西安大明宫含元殿 /2016 年

图 3-11　“唐玄宗含元殿元日大朝会”展览模型 / 西安大明宫含元殿 /2016 年

三、唐玄宗含元殿元日大朝会展览模型

含元殿为大明宫的正殿，是皇帝举行元日、冬至大朝会等重大礼仪活动与庆典的场所。唐朝的元日大朝会源于古代的朝贡制度，每逢此时，皇子、文武百官及地方朝集使分别向皇帝拜贺新岁，同时还有穿着不同服饰的各国使节和首领，列队登上含元殿，依次觐拜，并献上各国宝物，以示对大唐的尊敬与臣服，此时的含元殿便成为各国、各民族开展外交和文化交流的大舞台。（图3-11）

图 3-12　武则天麟德殿设宴会见日本使臣模型 / 西安大明宫含元殿 /2016 年

四、武则天麟德殿会见日本使臣场景模型

麟德殿是举行宫廷宴会、接见外国使臣的主要场所，是唐朝等级最高的宴会厅。武则天曾在麟德殿接见日本乃至世界各地的使臣，双方互通有无，进行友好往来与文化交流。麟德殿代表了大唐盛世的奢华与荣耀，见证了大唐王朝一步步由兴旺走向衰亡。

武则天麟德殿设宴会见日本使臣的模型，借助宴会歌舞场景，将历史上的宫廷宴会，再现得淋漓尽致。（图3-12）

五、含元殿建筑模型

项目概况：含元殿是古代汉族宫殿建筑之精华，属于大明宫的前朝第一正殿，也是唐长安城的标志建筑，作为

外朝场所，是举行国家大典的地方。整座宫殿坐落于地势高敞的龙首原南坡三层大台之上，殿堂高大巍峨，近可俯瞰整齐划一的街坊闹市，远可眺望峰峦叠嶂的南山胜景。殿前东西两侧各有向外延伸的翔鸾阁与栖凤阁，以及供官员上朝的蜿蜒的龙尾道，巨大的斗拱，飞展的屋檐，足可见含元殿是当时长安城最宏伟的宫殿，地位尊崇，著称当时，传名后世。（图3-13）

图 3-13　“大明宫含元殿”国家遗址数字复原图 / 佚名 / 2015 年

含元殿模型整体采用木材雕刻，色彩经过艺术再创作，并没有按含元殿的色彩进行还原，而是采用原木本色，通过精湛的制作与雕刻技术，再现了中国古建的风格魅力。同时，模型还进行了另外的艺术处理，即一部分为建筑外观的完整表现，另一部分则是建筑内部结构的展现，二者形成对比，给观者对于中国古建的了解提供了直观的视觉感受。（图3-14至图3-21）

图 3-14　“大明宫含元殿”建筑模型视角 1/ 西安大明宫含元殿 /2016 年

图 3-15　“大明宫含元殿”建筑模型视角 2/ 西安大明宫含元殿 /2016 年

图 3-16　“大明宫含元殿”建筑模型视角 3/ 西安大明宫含元殿 /2016 年

图 3–17 “大明宫含元殿”建筑模型视角 4/ 西安大明宫含元殿 /2016 年

图 3–18 “大明宫含元殿”建筑模型视角 5/ 西安大明宫含元殿 /2016 年

图 3–19 “大明宫含元殿”建筑模型视角 6/ 西安大明宫含元殿 /2016 年

图 3–20 “大明宫含元殿”建筑模型视角 7/ 西安大明宫含元殿 /2016 年

图 3–21 “大明宫含元殿”建筑模型视角 8/ 西安大明宫含元殿 /2016 年

第三节　公共建筑模型

一、教堂建筑

1. 俄罗斯东正教圣母领报教堂

建筑背景：哈尔滨的东正教圣母领报教堂初建于1903年，重建于1912年，于1941年二次重建竣工，1970年被拆毁。教堂采用了鲍・马・图斯塔诺夫斯基的设计方案，属于拜占庭式建筑，可同时容纳1200人做礼拜，气势恢宏、建筑精美，被称为远东地区最宏伟、最壮观的教堂，也是东正教北京传教士团驻哈尔滨代表部所在地。圣母领报教堂模型通体采用ABS板做主材，模型严格依比例制作。建筑主体墙面为白色，屋顶平面喷涂灰色硝基漆，在白色冷光灯的照射下，模型显得庄重沉稳。整体模型制作手法细腻，在模型制作中尤以弧线与弧形难以表现，而制作者采用巧妙的制作手法将拜占庭建筑的半球形屋顶及弧面屋顶表现得极为精准到位。建筑立面墙体上有砖纹的雕刻，配以门窗口线的精细雕刻，从上至下完整统一，重点突出，虽是素色模型，却也能再现圣母领报教堂的浑厚壮美。（图3-22）

2. 阿列克耶夫教堂

建筑背景：哈尔滨的阿列克耶夫教堂始建于1912年，当时为木结构教堂，1931年5月重建，1935年10月6日落成。该教堂为俄罗斯建筑风格，形体复杂，线脚丰富，建筑色彩红白相间，钟楼上冠戴帐篷式小穹顶与主体上部的“洋葱头”穹顶相互呼应，错落变化、相得益彰。阿列克耶夫教堂通体采用白色ABS板制作，模型制作比例严谨准确。原建筑色彩红白相间，但在模型表现过程中，对建筑色彩适当加以艺术化处理，墙体喷涂白色硝基漆，屋顶喷涂灰色硝基漆，将整个模型的表现重心放在屋顶之上的“帐篷式”小穹顶与“洋葱头式”小穹顶上，做工细腻。整个单色建筑模型虽然没有丰富的色彩，但是重点突出，详略得当，灰白的色调，精巧的制作，能将人的

图 3-22　“俄罗斯东正教圣母领报教堂”建筑模型 / 哈尔滨城市规划展览馆 /2017 年

图 3-23　“阿列克耶夫教堂”建筑模型 / 哈尔滨城市规划展览馆 /2017 年

思绪与情感带入庄严神圣的宗教氛围中。（图3-23）

3. 圣·伊维尔教堂

建筑背景：位于哈尔滨市道里区的圣·伊维尔教堂原为俄国外阿穆尔军用东正教堂，建于1907年，建筑设计师为K. X.德尼索夫主建筑属于砖木结构的拜占庭式风格，教堂平面呈希腊十字形，西侧为主入口，其上为钟楼。南北方向各有一个入口，神坛设在东向，屋顶冠以六个大小不同的下带圆柱形鼓座的洋葱头穹顶，建筑檐部及入口处有大量金属装饰花边，墙面为清水红砖砌筑，并有较为复杂的装饰线脚和装饰壁柱，整个建筑比例协调，造型优美。

圣·伊维尔教堂，制作比例严谨，通体采用ABS板，建筑模型的色彩并未如实还原实际建筑色彩，依旧延续白色墙体、灰色屋顶的配色手法。在建筑表现方面，模型表达重点落在大小不等、错落有致的“洋葱头式”穹顶之上，用笔虽不多，却将拜占庭式建筑风格表现得很到位，同时与建筑墙面上复杂的装饰线脚与装饰壁柱形成上下呼应，使得建筑模型表现详略得当，统一连贯，恰到好处。（图3-24）

二、办公建筑——原中东铁路督办公署

建筑背景：原中东铁路督办公署，后为哈尔滨中东铁路俱乐部，建于1910年，砖木结构，折衷主义建筑风格，建筑主体近似长方形，整体呈对称式布局，造型舒展，主次分明，重点突出，窗户的布置采用统一的模式，檐部线脚丰富，给建筑立面增添了丰富的变化。

原中东铁路督办公署模型，通体采用ABS板做主材，在制作过程中，制作者还原了建筑原有色彩，通体采用硝基漆喷涂，红色的屋顶，白黄相间的立面色彩，再现了那个年代的建筑用色。整体建筑模型采用机械雕刻，从整体至局部做工严谨。整个模型横向上有鲜明的延长与舒展感，半壁柱、檐口线规划统一；门窗口线雕刻与制作得非常精细，充分表现了整体建筑的折衷主义风格。（图3-25）

图 3-24　“圣·伊维尔教堂”模型 / 哈尔滨城市规划展览馆 /2017 年

图 3-25　“原中东铁路督办公署”模型 / 哈尔滨城市规划展览馆 /2017 年

图 3-26 “哈尔滨文庙”模型 / 哈尔滨城市规划展览馆 /2017 年

三、祭祀建筑——哈尔滨文庙

建筑背景：哈尔滨文庙是中国传统木构建筑，始建于1926年，落成于1929年11月。它是大型祭孔建筑群，分为三进式院落：第一进院落包括东西牌楼、万仞宫墙、泮池、棂星门、东西配殿及居于中轴线上的大成门；第二进院落以居中的十一开间的大成殿为主体建筑，两侧为东西配殿和石碑；第三进院落以崇圣寺祠为主景建筑，辅以配殿。整体建筑群黄瓦红墙，金碧辉煌。

哈尔滨文庙建筑模型，依据建筑风格及特点，选用适当的比例，将模型表现得恢弘大气。模型建筑主体采用ABS板，机械雕刻制作而成，制作者从宏观处着手，如实还原建筑色彩、建筑风格及建筑群落配置情况，将中国传统建筑的院落式布局，传统建筑中的重檐、庑殿与歇山表现得层次分明，详略适宜，建筑环境中配以适宜的绿化植物、景观设施及人物，宁静中透着一丝灵动，再现了中国传统祭祀建筑的厚重与沉稳。（图3-26）

第四节　住宅建筑

一、红军街 38 号住宅

建筑背景：哈尔滨红军街38号住宅，建于1920年，原为中东铁路管理局局长沃斯特罗乌莫夫的官邸。该建筑为砖木结构，表现了新艺术运动的建筑特征，将具有俄罗斯特色的帐篷式尖顶与新艺术形态的木结构檐口装饰、阳台、垂挂、栏杆、门窗有机结合，绿色屋顶搭配米黄色墙面，表现了浓郁的异国情趣。（图3-27）

红军街38号住宅建筑模型，选用适当的比例，通体采用ABS板雕刻制作而成。原建筑色彩，建筑屋顶及门窗口线为墨绿色，墙体为米黄色，模型制作中，采用艺术处理手法，将建筑墙体喷涂白色硝基漆，屋顶喷涂灰色硝基漆，在冷光照射之下，透着一丝冷峻与宁静。但在细节表现之处，如帐篷式尖顶、木结构的檐口装饰、阳台、垂挂、栏杆等处，作者对此刻画制作则较为精细，将新艺术运动的建筑风格表现得淋漓尽致。（图3-28）

二、金泰·湖滨绿茵

项目概况：金泰·湖滨绿茵是哈尔滨松北区的成熟别墅区，位于哈尔滨市商业大学东侧，毗邻规划中的过江隧道、60公顷城市公园和哈尔滨市火车北站，近接三环路、龙江第一村、东北虎林园、道外区20道街松浦大桥、太阳岛风景区和天鹅湖湿地保护区，旁边是大型国际生活广场，生活既便利又宁静。

金泰·湖滨绿茵建筑模型，为表现类模型，对于此类大型商业、居住性楼盘模型的制作表现，其整体风格、色调的把控是其重点所在，因模型体量较大，如掌控不好会出现色调不清，主体表现主次不分等弊病。该建筑模型对此把控较为到位，模型总体色调清雅统一，建筑虽都制作精细，却也详略得当，入口处主建筑是其建筑主体表现的重中之重，制作者还对其周边景观设施等进行了恰当的详略处理，使其与建筑主体相互呼应，用以增强模型主次分明的表现关系。同时，制作者并未忽略小区模型中软装饰的制作，在绿化的搭配上也颇为用心，树种丰富，高低错落有致，美中不足之处在于树种颜色过于单一，如若略加变化丰富，会使整个模型更具灵气。（图3-29、图3-30）

图 3-27　红军街 38 号住宅实景照片拍摄 / 佚名 /2015 年

图 3-28　“红军街 38 号住宅”模型 / 哈尔滨城市规划展览馆 /2017 年

图 3-29　“金泰·湖滨绿茵”细节模型 / 哈尔滨建境模型设计制作有限公司 /2015 年

图 3-30　“金泰·湖滨绿茵”规划模型 / 哈尔滨建境模型设计制作有限公司 /2015 年

第五节　商业建筑

一、和平村公馆一号楼

建筑背景：和平村公馆一号楼，原为黑龙江省铁路交涉局总办马忠骏公馆，现为和平邨宾馆贵宾楼。该建筑为砖木结构，是一栋具有欧洲中世纪古堡式风格的建筑，法国孟莎式红色坡顶，锥形尖堡，掩映于浓郁的绿色花丛中，四个立面都做了精美的处理，各具特色，体现了浪漫主义的情趣。和平村公馆一号楼的建筑模型，通体采用ABS板雕刻制作，制作者的表达重点在于对建筑风格与细节的把握，通过还原建筑色彩，借助红色的法国梦莎式屋顶、圆锥形屋顶和雕有砖纹的灰色建筑墙体，将中世纪古堡式建筑风格完美表现。（图3-31）

图 3-31　“和平村公馆一号楼”模型 / 哈尔滨城市规划展览馆 /2017 年

二、银泰城

项目背景：本项目位于哈尔滨市区丽江路、友谊路、三环路与群力大道围合区域，规划用地面积约52万平方米，总建筑面积约161万平方米，主要包括总部办公、星级酒店、大型商业、高档居住社区等综合城市服务设施。

银泰城商业项目模型为表现类建筑模型，在制作表现过程中，其总体规划布局与亮化处理是其表达的亮点所在。模型建筑屋顶的颜色选用灰色，立面选用米黄色，并配以黄色的暖光灯亮化，整体建筑被灯光照射得通彻透明，真真切切地表现了商业建筑群的美轮美奂与商业环境中的华灯璀璨。（图3-32、图3-33）

图 3-32　“银泰城”规划模型 / 哈尔滨城市规划展览馆 /2017 年

图 3-33　“银泰城”规划模型亮化效果 / 哈尔滨城市规划展览馆 /2017 年

第六节　建筑内部空间模型

一、PILOT 飞行者俱乐部

项目概况：PILOT 飞行者俱乐部的前身是咖啡店，经过重新装修，现分为两层：一层是咖啡店，装修风格让人仿佛置身桃园，不想离去；二层是飞行者俱乐部，空间内模拟真实的驾驶室，让普通人也能够体验飞行的乐趣，想法创意都很新鲜！

PILOT 飞行者俱乐部的737-800飞机主题餐厅模型，属于综合材料表现类模型。该模型制作精细，制作者依据设计构思，以飞机为主题，采取合理比例将整个PIOLOT 飞行者俱乐部二层空间浓缩于两平米的天地间。整个模型色调统一，空间布局紧凑连贯，按常规做法除去对主体空间的精细表达外，还借助丰富的人物组合、相关细节处的细致表达、家具陈设的合理安排及室内亮化的巧妙设置来烘托整个主题餐厅的室内环境气氛。将主题餐厅整体的空间氛围借助于模型表现完美呈现于世人眼前，充分利用了模型对于空间表现的特殊表达方式。（图3-34、图3-35）

二、南极国际食品交易中心

项目背景：南极国际食品交易中心位于哈尔滨市道外区南极街54号，与闻名中外的中央大街商圈、繁华的秋林商圈构成财富金三角，是哈尔滨市内环路内最大的商业地产项目。它构建了名优城、冷鲜城、茶城三大主体商城及哈东食品商贸物流园区，并配有现代化SOHO商务办公楼、异域文化商业步行街、多家银企机构入驻的金融一条街、大型地下停车场等。

南极国际食品交易中心项目模型，虽然是结构剖面模型，但采用了精细手法进行表现。模型依比例制作，采用透明亚克力板与白色PVC板为主材，以横、纵剖切的形式展示了整个商业空间内的平面布局及空间内

图 3-34　PILOT 飞行者俱乐部室内空间模型视角 1/ 哈尔滨建境模型设计制作有限公司 /2017 年

图 3-35　PILOT 飞行者俱乐部室内空间模型视角 2/ 哈尔滨建境模型设计制作有限公司 /2017 年

图 3-36　南极国际食品交易中心剖面模型 / 哈尔滨建境模型设计制作有限公司 /2015 年

垂直交通的分布情况。并着重对每层空间里商户的店面布局及分布情况予以详细交代。制作者借助人物及相关设施的搭配，突破了以往剖面模型着重表现结构的常规手法，将商业空间中热闹非凡的气氛表现得恰到好处。（图3-36）

三、住宅户型模型

该两室一厅住宅内部空间模型的制作重点在于对空间内平面布局的详细表现，以激起观赏者购买欲望为主要目的，是地产商用于商品展示和促进商品销售的重要辅助。此方案模型的制作突破常规手段，在模型整体划一的前提下，对整体模型采取喷涂银色硝基漆进行艺术处理，加之家具陈设的精巧处理，当空间布局展现于观赏者面前，给人一种耳目一新，眼前一亮之感，从而使该模型不仅具有空间展现的功能，又富有艺术表现之美。（图3-37）

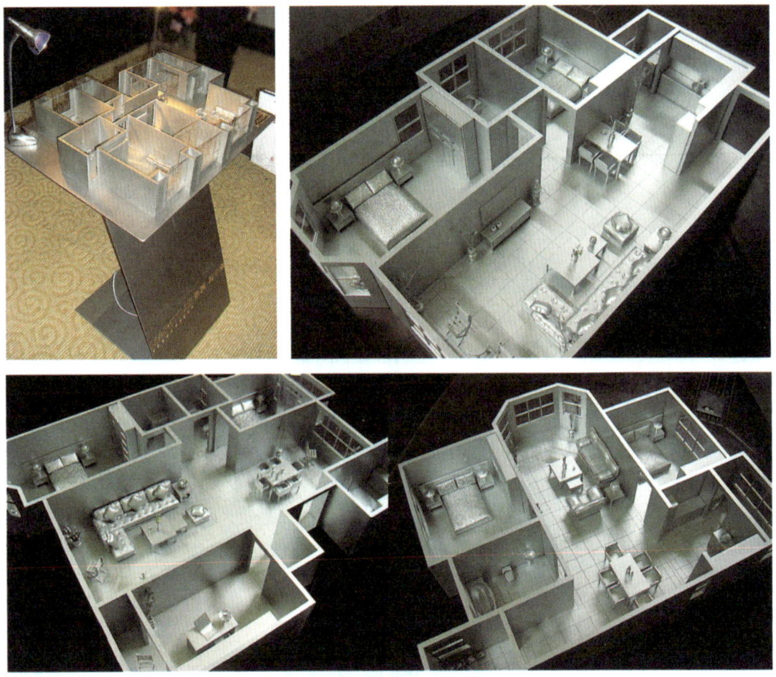

图 3-37　住宅户型模型 / 哈尔滨建境模型 /2016 年

图 3-38　建筑投标方案——大连体育馆模型 / 哈尔滨工业大学建筑设计研究院 / 哈尔滨建境模型设计制作有限公司 /2015 年

第七节　方案模型

一、大连体育馆方案模型

大连体育馆方案模型，是建筑方案设计投标所用。主材选用ABS板与透明亚克力，表面喷涂银、灰色硝基漆，选取合适比例制作而成。建筑主体呈半开敞式椭圆形，整个模型制作之难点在于对建筑主体外形的掌控与固定，制作过程中需先制作模子，在模子之上附以材质，再经高温定型而成。为突出建筑主体的曲线美，制作者对体育馆周边景观环境采取概念表现的手法，如对植物绿化的表现，以金属丝喷银漆的方式；对场馆周边运动赛场及地面拼花的处理，采取简单同一色系喷漆处理等，整个模型制作色调统一，收放自如，重点突出。（图3-38）

二、长春东北高科技广场方案模型

长春东北高科技广场方案模型，该模型以黄色为主色调，主材选用ABS板，为配合主色调，将模型环境做成金秋的色彩。因其属于方案类模型，故制作者将表现重点仍放在建筑主体的表现之上。虽为建筑环境模型，但对周边环境处理并未施以太多笔墨，只是巧妙借助绿化植物规矩中的散落与建筑的严谨方正形成的对比，尽管没有人物配置在环境之中，但也使得整个模型严肃中透着活泼。（图3-39）

图 3-39　长春东北高科技广场方案模型 / 哈尔滨建境模型 /2015 年

第八节　学生作品

一、课堂习作——徐州科技馆建筑模型

“徐州科技馆”模型作品，采用ABS板为主要材料，胶粘剂为ABS胶，整体模型以黑色为主，略施红色与白色，整体模型端庄大气，同时借用简练的建筑语言，将科技馆的时代感与科技性展现得恰到好处。学生课堂习作分为原创设计作品、经典建筑再现两种形式，而“徐州科技馆”模型，就是学生根据课上所搜集的相关建筑资料，对现代经典建筑的还原。（图3-40至图3-45）

图 3-40 徐州科技馆方案效果图 / 佚名 /2016 年

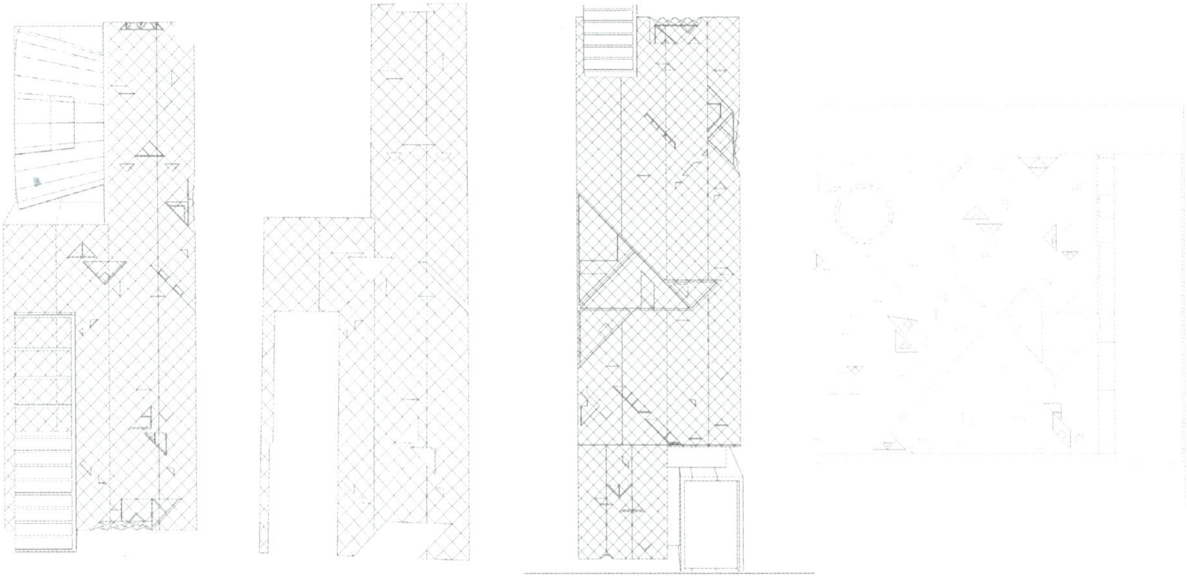

图 3-41 徐州科技馆 CAD 拆分图 / 詹翔、段蓝珂、郑东 东北农业大学 /2016 年

图 3-42　徐州科技馆模型制作过程 1 / 詹翔、段蓝珂、郑东　东北农业大学 /2016 年

图 3-43　徐州科技馆模型制作过程 2 / 詹翔、段蓝珂、郑东　东北农业大学 /2016 年

图 3-44 徐州科技馆模型视角 1 / 詹翔、段蓝珂、郑东 东北农业大学 /2016 年

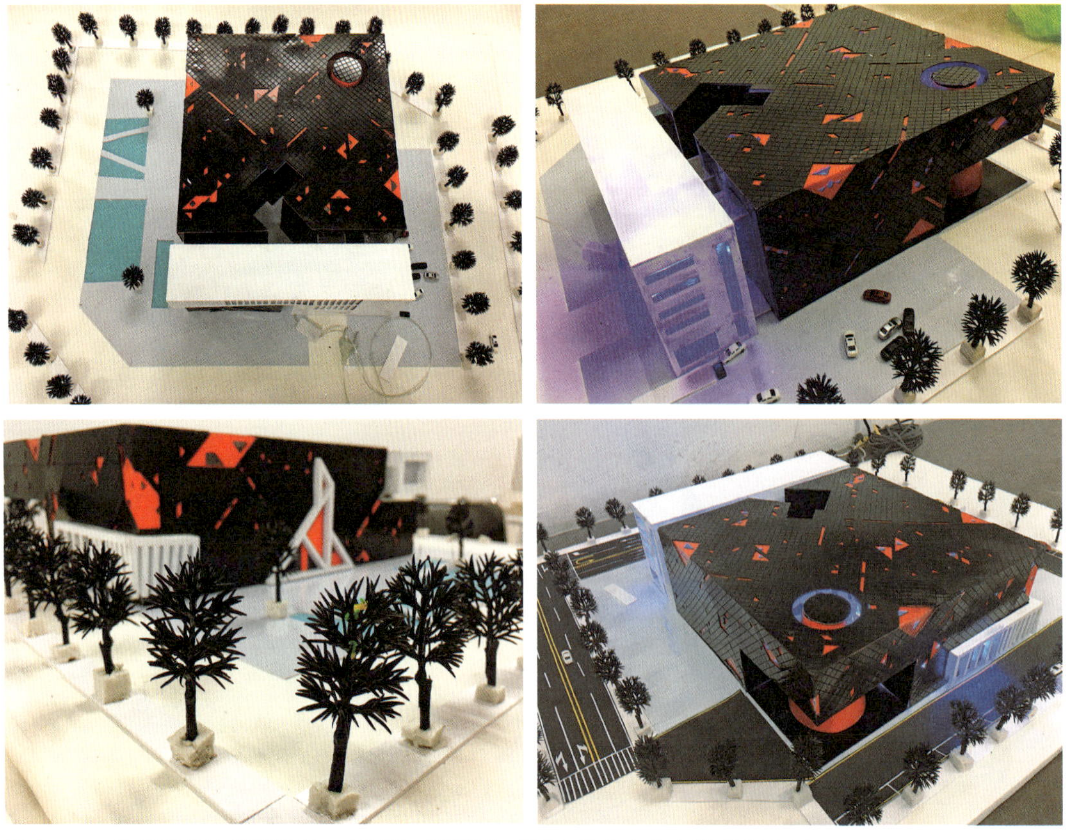

图 3-45 徐州科技馆模型视角 2 / 詹翔、段蓝珂、郑东 东北农业大学 /2016 年

二、课堂习作——美国国家美术馆建筑模型

“美国国家美术馆”模型作品，为学生课上习作，整体模型采用ABS板为主材，采用机械雕刻切割方式，依比例还原经典建筑。在后期颜色选用上，为突出建筑的时代感，并未按原建筑色彩进行喷涂，而是选用金色为主，并配以黑色道路，赋予了该建筑模型另一种科技美感。（图3–46至图3–52）

图 3–46　美国国家美术馆实拍图 / 佚名 /2016 年

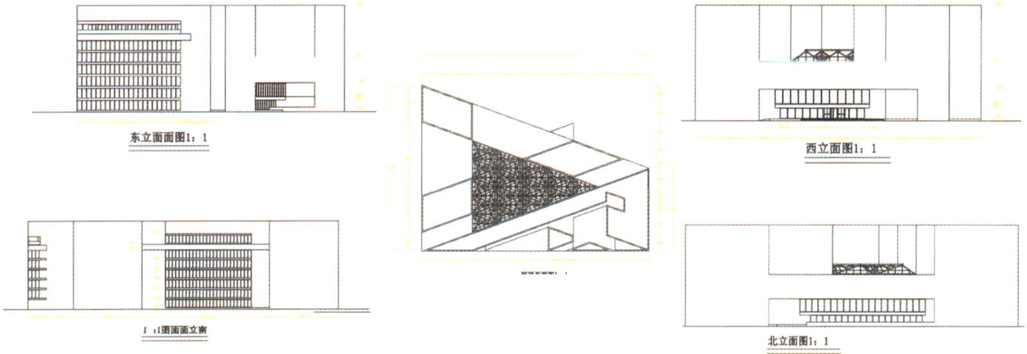

图 3–47　美国国家美术馆建筑立面 CAD 图 / 张琪 东北农业大学 /2016 年

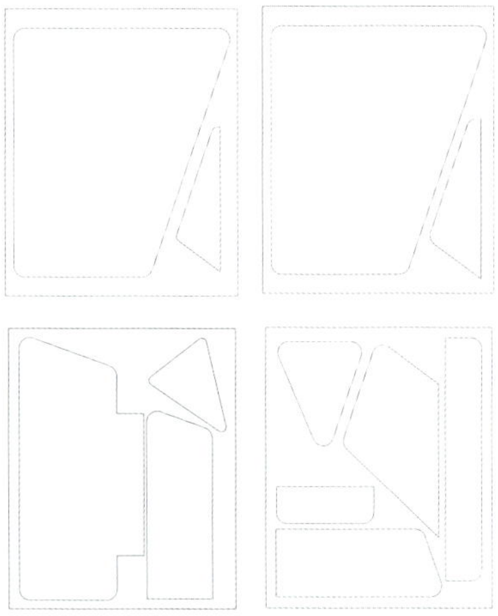

图 3–48　美国国家美术馆建筑界面拆分图 1/ 张琪 东北农业大学 / 2016 年

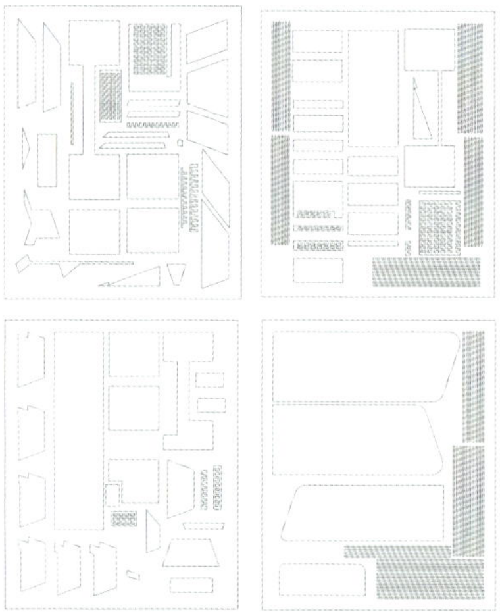

图 3–49　美国国家美术馆建筑界面拆分图 2/ 张琪 东北农业大学 / 2016 年

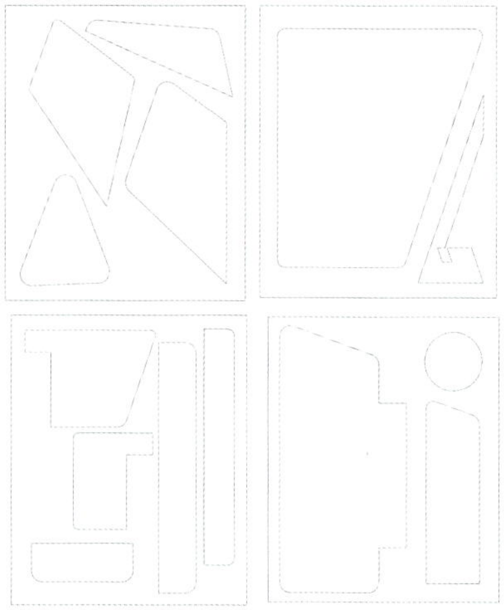

图 3–50　美国国家美术馆建筑界面拆分图 3/ 张琪 东北农业大学 / 2016 年

图 3–51　美国国家美术馆制作过程 1/ 张琪 东北农业大学 /2016 年

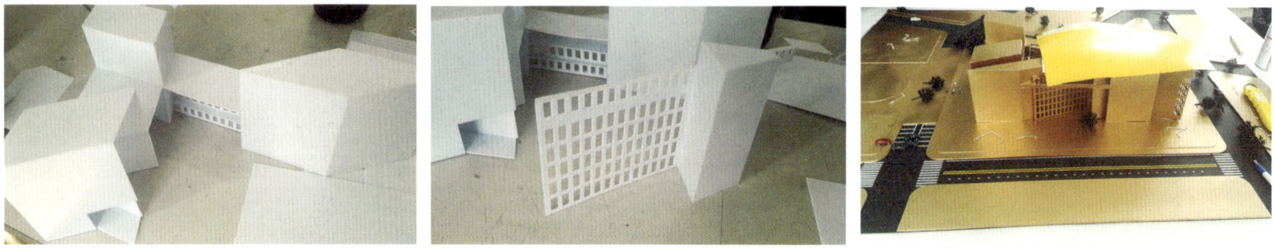

图 3–52　美国国家美术馆制作过程 2/ 张琪 东北农业大学 /2016 年

三、课堂习作——古建筑模型“鲲鹏殿”

“鲲鹏殿”建筑模型，为中国传统建筑模型，是学生课堂习作。根据建筑特点，模型制作选用航空模型木板为制作主材，胶粘剂以U胶为主，制作此类古建模型之重点在于对古建筑图纸的解读与拆分，其与现代建筑不同，现代建筑的美感大多体现在体量对比、结构穿插或大直线、曲线线条的形式美。而古建筑则是要求对其传统建筑元素、建筑语言的掌控。对于课上习作而言，整个模型制作精细，上千个细小零件的组装与粘贴，古建筑中斗拱、飞檐、门窗的表现，极为精准到位。同时，该模型中所有门窗均为可开启活动式，都是根据古建筑的建造方法制作而成。要完成这样的古建筑模型设计与制作，必需在教学上要求学生对古建筑结构的熟练掌握与理解。（图3-54）

图 3-53　美国国家美术馆模型图 / 张琪　东北农业大学 /2016 年

图 3-54　古建筑——“鲲鹏殿” / 石云鹏 王亮 杨晓飞 / 哈尔滨师范大学 / 摄于 2016 年

图 3-55 “临水而居”——展览馆模型 / 姚竹、张虚桓、张宇婷、潘思雨 / 哈尔滨师范大学 /2016 年

图 3-56 概念模型——“水上帝国” / 赵世洋、王韧、李树斌、金丹 / 哈尔滨师范大学 /2016 年

四、课堂习作——展览馆模型 “临水而居”

为了增强学生的自主创新能力，加强基础研究，鼓励自由探索。“临水而居”建筑模型，为学生课上习作，模型选用合适的比例制作而成，建筑主体采用ABS板，周边景观环境选用复合材料。整个模型的表现，设计者采用混搭方式，建筑主体选用素色概念方式进行表现，而对于周边景观环境则以表现类手法处理，选用秋天色彩，表现手法虽不完全统一，但在颜色处理上建筑主体的白与景观环境的金黄及湖面大面积的蓝，颇为和谐，也使得该模型不愧为课上佳作。（图3-55）

五、课堂习作——概念模型“水上帝国”

“水上帝国”建筑模型，为学生课上习作，采用概念表现手法，运用综合材料制作而成。模型中为突出“帝国”建筑的恢弘气势，整体建筑采用透明亚克力材质，并在模型底端配以高强冷光亮化照射，使得整个建筑通体透明，时代感与科技感极强。环境景观以雪弗板为主要材料，设计者有意采取直线纵横交错的水上搭建，既与主体建筑简练的表现方式形成对比，同时又增强了整个环境景观的表现力，避免了整个沙盘看似头重脚轻、缺失根基分量的问题。（图3-56）

六、课堂习作——概念模型“本色”

为增强学生的自主创新能力，加强基础研究，鼓励自由探索。“本色”建筑模型为学生课上习作，制作者采用概念表达方式，依比例制作，选用木棒与牛皮纸为主要材料。在模型制作过程中，曲线形态的表现要难于直线形态的表现，设计者以木棒做骨架，选用0.1mm厚的ABS板做基材，并将其固定于骨架之上，外覆以牛皮纸，巧妙地解决了曲线形态不好表现这一难题。该模型的美中不足之处在于环境景观颜色的搭配与建筑主体稍有脱节，如能将整体色调予以统一，效果会好很多。但作为课上习作，初次制作能解决表现难题，也属难能可贵。（图3-57）

图 3-57 概念模型——“本色”/ 吴丹、赵嘉芮 / 哈尔滨华德学院 /2016 年

后记

POSTSCRIPT

建筑模型设计与制作是记录建筑设计方案、展现建筑设计作品的一种可视、可触性设计语言，它不受时间、地点、场地、工具的限制，其表现手法灵活多样，是建筑设计与环艺设计专业一门不可或缺的专业基础课。

本书的编写实际是对作者课上教学实践的一次总结。书中所持观点及大部分作品体现了作者近年来的教学理念及教学成果，均由作者指导，学生课上完成。但一己之力终有欠缺，为弥补这些不足，开阔学生视野，作者又与哈尔滨工业大学建筑学院卜冲教授、东北农业大学艺术学院陶宁教授及哈尔滨建境模型设计有限责任公司、哈尔滨市城市设计展览馆的相关负责人，进行教学心得的交流及走访调研，方使得本书的内容逐渐丰满，案例丰富。也正因如此，本书立足教学实践，内容通俗易懂；着眼社会实践，有理可循、有据可依。

本书在编写过程中得到了上海同济大学的林家阳教授、哈尔滨工业大学的卜冲教授、东北农业大学的陶宁教授，哈尔滨建境模型设计有限责任公司、哈尔滨市城市设计展览馆的相关负责人，哈尔滨师范大学美术学院环艺系部分学生的大力帮助与支持，本书封面运用了哈尔滨工业大学校友的作品在此一并致以深深的谢意！

由于学识所限，本书难免存在问题和不足，还望广大读者和各位专家在海涵的同时不吝赐教，以助作者今后进一步改进、提高。

杨丽娜

2017 年 7 月